MODELOS
Y
MAQUETAS
ESCALAS DE PESOS

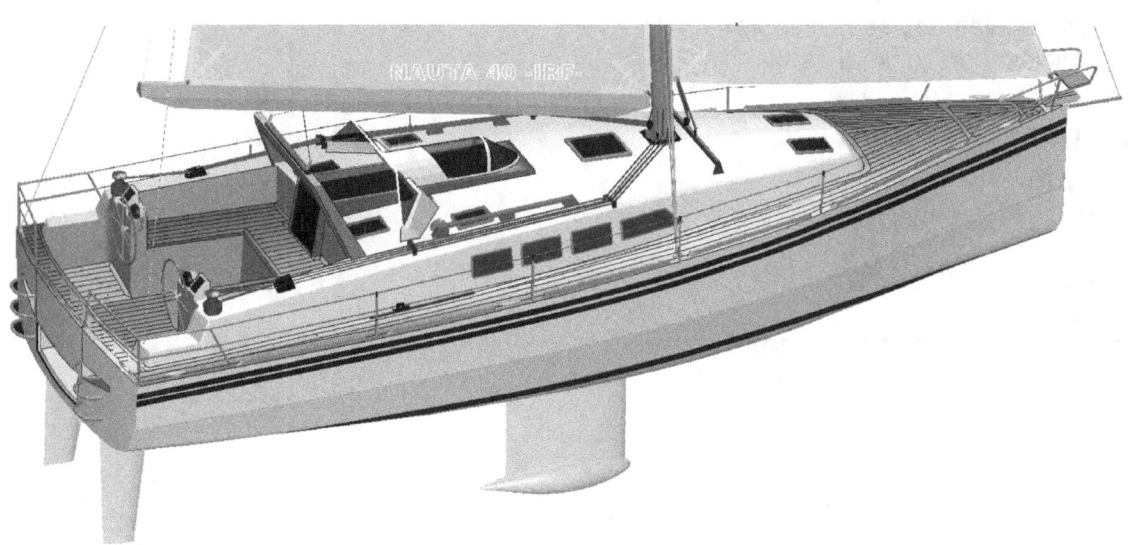

JUAN IGNACIO RADUAN PANIAGUA

Construcción de modelos y maquetas con
Propiedades al modelo original,
aplicando escalas de pesos, lineales,
de superficies y de volúmenes.

Juan Ignacio Raduan Paniagua
jiraduan@gmail.com

TODOS LOS DERECHOS RESERVADOS

RESUMEN

En este cuaderno se pretende hacer una descripción detallada, sobre la construcción de maquetas y modelos de pruebas a escala de formas y también a escala de pesos, aplicable especialmente en el mundo de la náutica.

La descripción que se hace en este libro, comprende la aplicación de las distintas escalas, lineal, de superficie, de volúmenes y la de pesos, que nos permitirán hacer un prototipo o modelo de embarcación a escala, mediante la aplicación de pesos a escala, para dar una visión técnica más completa de la embarcación.

La aplicación de pesos a escala nos permitirá, poder hacer pruebas del comportamiento
de una embarcación y especialmente la diseñada para ser insumergible con recuperación de la flotabilidad, conocidas como embarcaciones IRF. Podremos apreciar las reacciones de la embarcación inundada y su recuperación, expulsando el agua del interior dejándola completamente sin agua, todo esto al realizarlo en el modelo de pruebas, nos permitirá verificar su funcionamiento y viabilidad en una embarcación real.

No solo nos servirán estas escalas citadas para verificar la insumergibilidad y recuperación de la flotabilidad, también podremos apreciar una vez distribuidos los pesos en su interior, las escoras y la estabilidad con distintos desplazamientos de los pesos sobre la embarcación, pudiendo comprobar varias hipótesis sobre el comportamiento de los pesos fijos, móviles y consumibles previstos en el proyecto.

A otro nivel podremos aplicar la escala de superficies al plano velico, para ver su comportamiento en su desplazamientos respecto las cargas, la relación superficie velica peso total.

Al introducir en la construcción de maquetas y modelos la escala de pesos, estos nos aproximan más a la realidad.

¡¡ La seguridad de las pruebas !!

Juan Ignacio Raduán Paniagua

AGRADECIMIENTOS

Mi agradecimiento a las personas que me han facilitado la realización del presente trabajo, con cita especial de Don Luis Vinches, Decano Presidente de Ingenieros Navales y Oceánicos de España, por su apoyo en mis métodos sobre las embarcaciones insumergibles con recuperación de la flotabilidad – IRF.

Agradezco a Don Luis Fernández Cotero, por su aportación en la dirección de los Cursos de Diseño y tecnología de la construcción de embarcaciones de recreo y competición
YTB-09, realizada en la Facultad Náutica de Barcelona.

JUAN IGNACIO RADUAN PANIAGUA

Tabla de contenido

DESCRIPCIÓN GENERAL

ESCALAS

Las escalas podemos clasificarlas de la siguiente manera:

1.- Escala de **LONGITUDES (m. – cm.)**
2.- Escala de **SUPERFICIES (m2. – cm2)**
3.- Escala de **VOLÜMENES (m3.- cm3.)**
4.- Escala de **PESOS**

ESCALA

En una escala representamos el numerador por la unidad **real** y el denominador por el número de partes o **unidades** que deseamos reducir la unidad real.

$$E= \frac{\text{Unidad real}}{\text{Unidades de reducción}}$$

$$E= 1/5; \ E=1/10; \ E=1/20$$

Tenemos por ejemplo una escala **E: 1/5**, que correspondería a **1**m de la realidad, reducido en el plano o maqueta a **5** partes o bien, que la longitud total real que podría ser **12**m, queda reducida a la **5ª** parte.

La escala por unidad, por metro real, equivaldría en el modelo a:
E: 1m /**5** = **0,2** m.
Pasamos a cm.
E: 100cm /**5**= **20** cm.

La escala por dimensión total real, equivaldría en el modelo a:
Embarcación de **12** m de eslora, a escala **E: 1/5**

Eslora total en el plano o modelo = 12 / 5 = **2,4** m

De la misma manera representaríamos otras escalas, es importante tener en cuenta que esta escala corresponde únicamente a la escala de longitudes, en la que solo contemplamos un eje. Fig.01

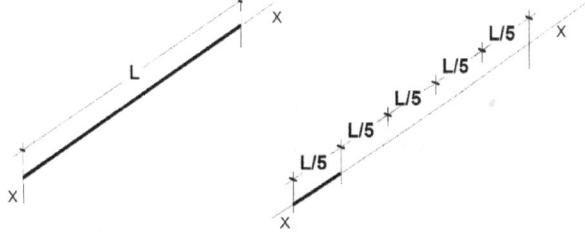

Fig.01.-Linea dividida en 5 partes, E: 1/5

10

APLICACIÓN EN OBJETOS REALES

La escala lineal o de longitudes la aplicamos a una embarcación, la cual vamos a reproducirla a diversas escalas, **E: 1/10, E: 1/20** y **E: 1/40**, cuya eslora es de **12** m, podemos observar gráficamente las proporciones de reducción. Fig.02

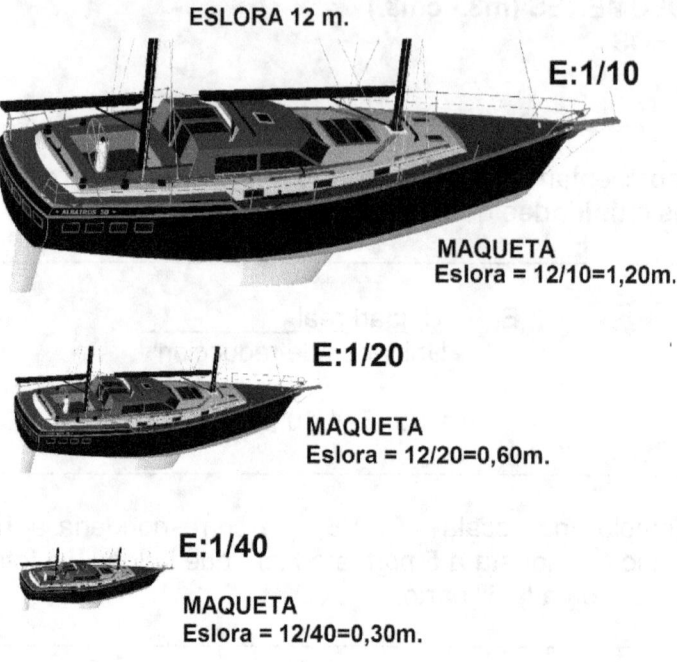

Fig.02.- Reducción a distintas escalas

Para definir cada tipología de las escalas que vamos a tratar, partiremos de un cubo con tres ejes (**x, y, z**), este cubo le daremos a cada arista el valor de la unidad, es decir, cada arista tiene el valor de **1** metro (**x=1m, y=1m, z=1m**).Fig.03

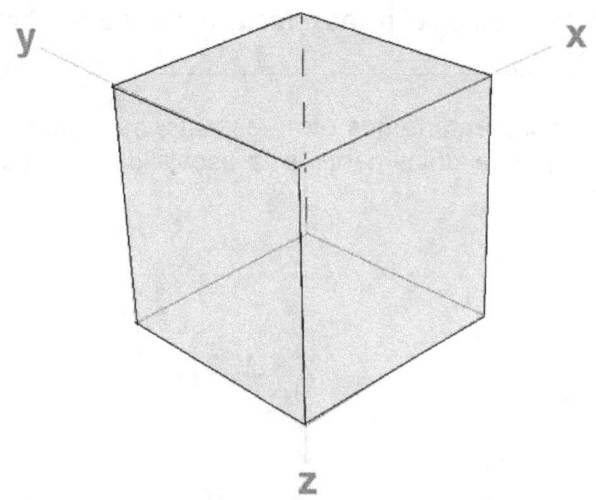

Fig.03.- Cubo de 1m.x1m.x1m.

1.- ESCALA DE LONGITUDES

1.-ESCALA DE LONGITUDES

La escala de **LONGITUDES**, o escala lineal, corresponde a la reducción de un arista por el número de veces indicado en el denominador de la escala, esta viene expresada en metros **m**, o bien en **cm**.

Aplicamos en el cubo la escala real, con un ejemplo de la reducción de la eslora de una embarcación indicada anteriormente. Para llegar a la escala de pesos, analizaremos las distintas escalas, la escala que nos permitirá optar y conseguir escalar los pesos que intervienen en una embarcación, es la escala cúbica o de volúmenes, como ya veremos más adelante Fig.05

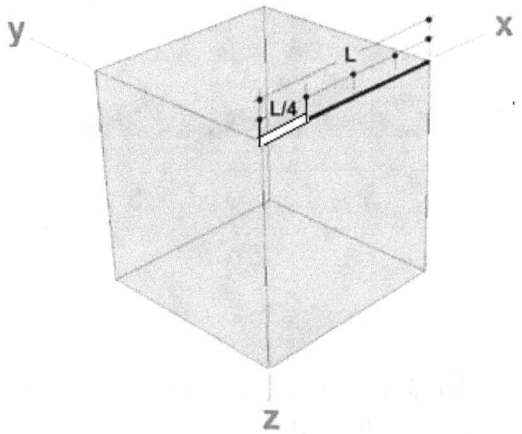

Fig.05.- Escala E:1/4,longitudinal arista cubo.

Suponiendo una embarcación de **12**m de eslora la cual aplicamos una escala **E: 1/4**, tendremos que por cada metro de la realidad, en el plano o la maqueta será equivalente a la cuarta parte.Fig.04

E: 1/4 = 0,25 m,
Lo pasamos a centímetros y obtenemos:
Un metro en el plano o el modelo equivaldría a: **0,25** m. x **100** cm= **25** cm.

La longitud total de la embarcación en el plano o modelo sería:

Eslora real de la embarcación= **12** m.
E: 12/4 = 3 m.
Longitud total en el plano en centímetros equivaldría a:
3 m x**100** cm = **300** cm
Eslora en plano= **300** cm

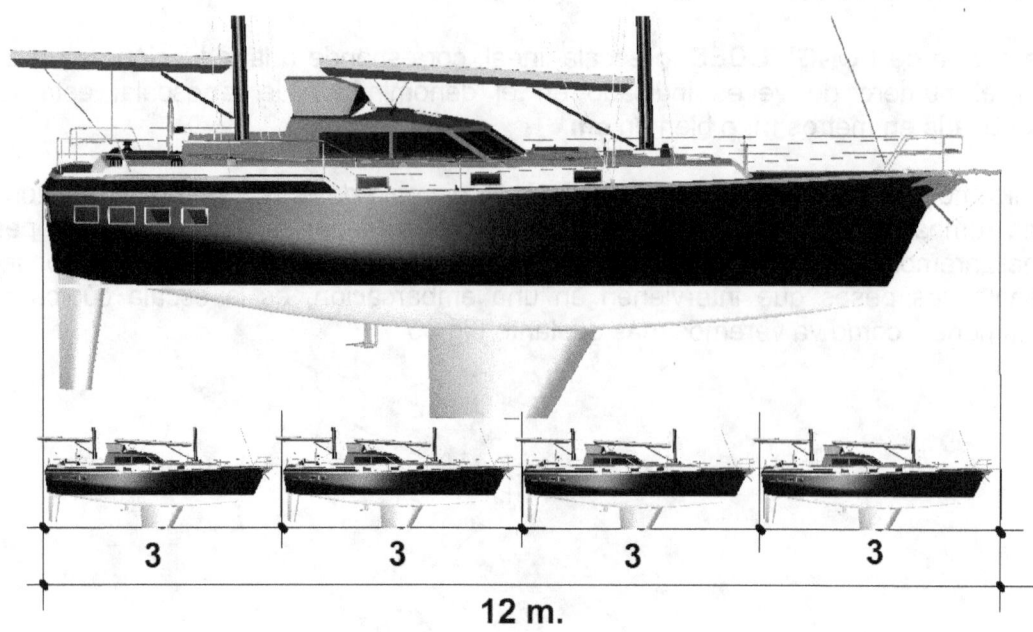

Fig.04.- Reducción E: 1 /4, eje x-x

El cubo con la arista (**x**) de longitudes la dividiremos en las partes según la escala, en metros o en centímetros que deseemos aplicar.

En el caso de utilizar la escala **E: 1/10**, dividiríamos la arista en **10** partes .La reducción sería la parte en blanco indicada en la figura. Fig.06

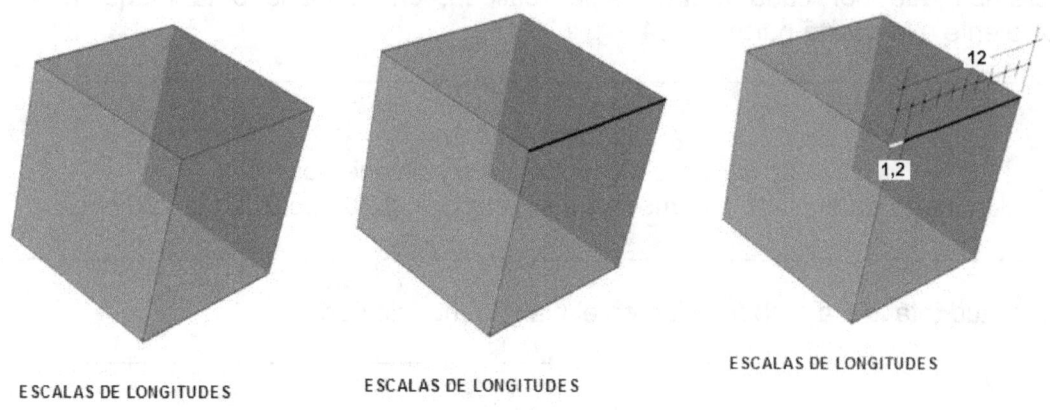

ESCALAS DE LONGITUDES   ESCALAS DE LONGITUDES   ESCALAS DE LONGITUDES

Fig.06.- Escala longitudinal, E:1/10

2.- ESCALA DE SUPERFICIES

2.-ESCALA DE SUPERFICIES

Escala de **SUPERFICIES**, la es cala que corresponde a la reducción de **2** aristas del cubo, las que corresponden a los ejes (**x, y**) y viene expresadas en metros (**m2**).o en (**cm**).

La escala de superficies, nos dará la equivalencia de una superficie real a la representada en el plano o la maqueta, como ejemplo buscaremos la superficie de las velas de un velero a escala. Fig.08

Escala de superficies:
S= Superficie (m2 –cm2)
L= Longitud (m-cm)

S=L x L
S=1m x 1m = 1 m2
S= 100cm x 100cm =10.000 cm2
S=10.000 cm2

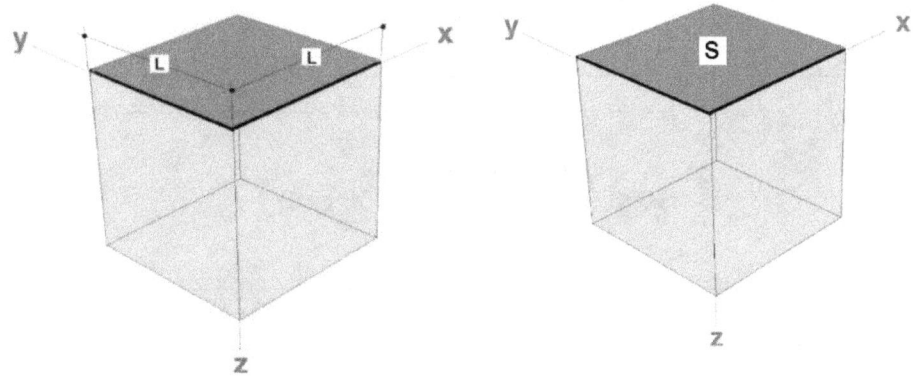

Fig.08.- Escala de SUPERFICIES =S m2

El cubo con las aristas (**x, y**) de longitudes la dividiremos en las partes según la escala, en metros o en centímetros. Como ejemplo calcularemos la superficie velica de una embarcación a escala **E: 1/10**.
Fig.09

Datos:
S=Superficie real- m2
Se=Superficie a escala –m2
E: 1/10
S=96 m2

18

Cálculo·de·la·escala·unitaria·de·1m2
E: 1/10
$$Se= \frac{1}{10 \times 10} = 0{,}01 \cdot m2$$
Escala·en·el·plano·o·maqueta
Se = 0,01 m2

Conversión en cm2:
$$Se = \frac{100 \times 100}{10 \times 10} = \mathbf{100}\ cm2$$

La superficie en plano o maqueta por metro cuadrado, correspondería a:
Se=100 cm2

Escala de la superficie total real **S** de las velas a escala **Se**.
E: 1/10
S=96 m2
Se= 96 m2 /10x10 =**0,96** m2
Se=0,96 m2

Conversión en cm2:
Se=0,96x100x100 = **9.600** cm2
Se=9.600 cm2

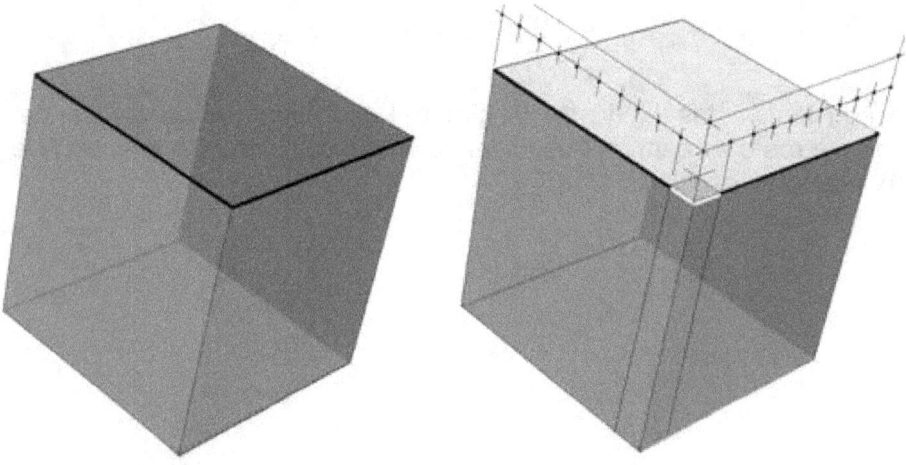

Fig.09.- Escala de superficies E: 1/10

Con la escala de superficies, podremos saber la superficie de las velas que le correspondería a la embarcación del modelo de pruebas a escala.

19

La relación de las superficies y los pesos a escala nos permite estimar comportamientos del modelo.Fig.10

Sm=Sup. vela mayor

Sf= Sup. vela foque

St= Sup. vela trinqueta

ST=Sup. velíca total

ST=Sf+Sf+St

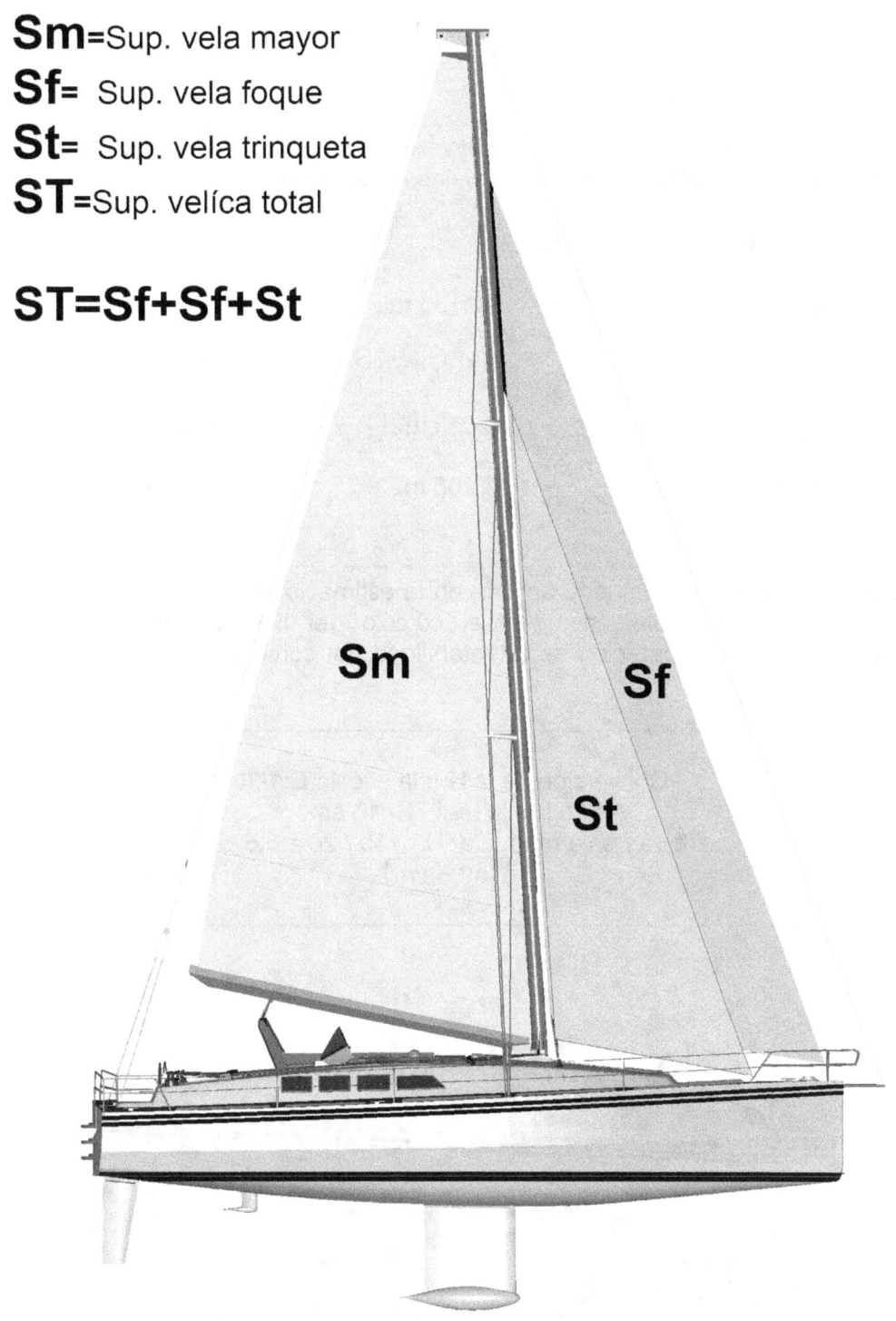

Fig.10.- Escala de superficies (m2 o cm2)

Ejemplo práctico:

Datos:
Superficie vélica:

20

Sm= 54 m2
Sf = 42 m2
St = 10 m2
ST =110 m2
Maqueta:
Sem = Sup. V.Mayor
Sef = Sup. V.Foque
Set = Sup. V.Trinqueta

Para realizar la conversión de la superficie véliaca, al modelo que vamos a realizar a escal E:1/20, procedemos a calcular las velas de la siguiente forma:

Superficies – Maqueta - Escala E:1/20

$$Sem = \frac{Sm}{20x20} \; ; \; Sem = \frac{54}{20x20} = 0,135 \, m2 \; ; \; Sem = 0,135 \, m2$$

$$Sef = \frac{Sf}{20x20} \; ; \; Sef = \frac{42}{20x20} = 0,105 \, m2 \; ; \; Sef = 0,105 \, m2$$

$$Set = \frac{Sm}{20x20} \; ; \; Set = \frac{10}{20x20} = 0,025 \, m2 \; ; \; Set = 0,025 \, m2$$

$$SeT = \frac{Sm}{20x20} \; ; \; SeT = \frac{106}{20x20} = 0,265 \, m2 \; ; \; SeT = 0,265 \, m2$$

La escala de superficie se puede aplicar, en la estimación de la franja necesaria para la compensación de volúmenes, en el cálculo del **IRF**, de las embarcaciones insumergibles con recuperación de la flotabilidad, tal como se indica en otros libros. Fig.11

Conversión de la **H** a la escala **E:1/20**
Altura franja real   H=10 cm.   ;
Altura franja maqueta **H** = 10 / 20 = **0,5** cm.
H=0,5 cm.

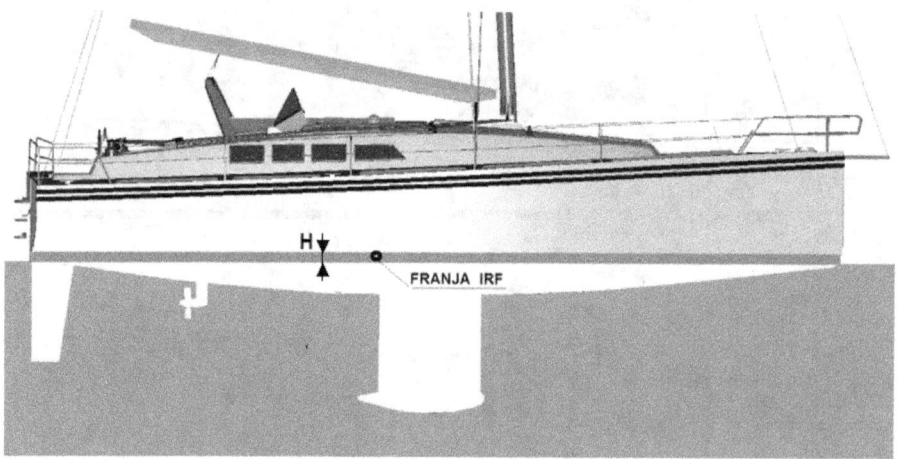

Fig.11.-Escala altura de la franja, H

3.- ESCALA DE VOLÚMENES

3.-ESCALA DE VOLÚMENES

Escala de **VOLÚMENES**, corresponde a la reducción de **3** aristas del cubo, las que corresponden a los ejes (**x, y, z**) viene expresado el volumen, en metros (**m3**) o (**cm**).

La escala de volúmenes, nos dará la equivalencia de un volumen real al que forma la maqueta de la embarcación a escala. Fig.12
Escala de volúmenes:

Volumen unitario de **1** m3 real

$$V = L \times L \times L$$

$$V = 1 \times 1 \times 1 = 1 \text{ m3}$$

$$V = 1 \text{ m3}$$

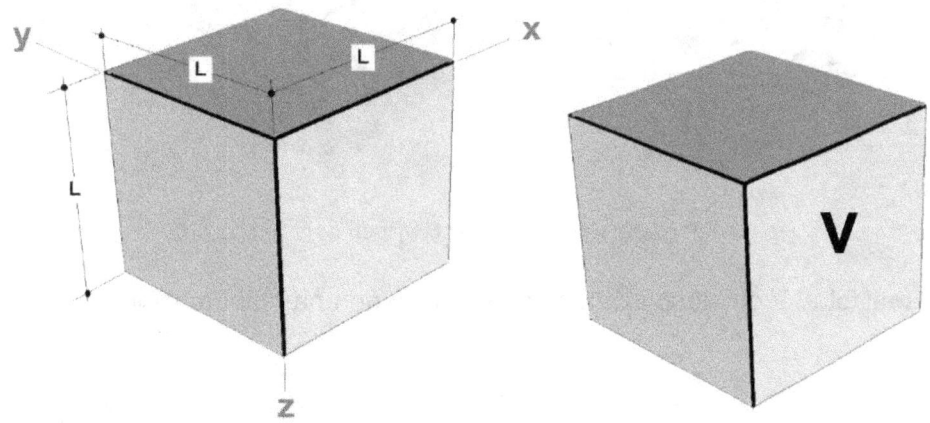

Fig.12.-Escala de volúmenes.

Volumen reducido a la escala de **E: 1/10**

Datos:
V=Volumen real
Ve=Volumen a escala

Ve = Volumen a la escala, **E: 1/10**

$$Ve: = \frac{V}{L \times L \times L}$$

$$Ve: \frac{1 \, m3}{10 \times 10 \times 10} = 0,001 \text{m3}$$

El cubo con las aristas (**x, y, z**) equivalentes a **1** m, las dividiremos en partes según la escala que vayamos aplicar en metros o en centímetros, para obtener la equivalencia unitaria de la escala real a la escala que queremos aplicar de **1** m3. Fig.13

Datos:
E: 1/10
V=Volumen real
Ve=Volumen a escala

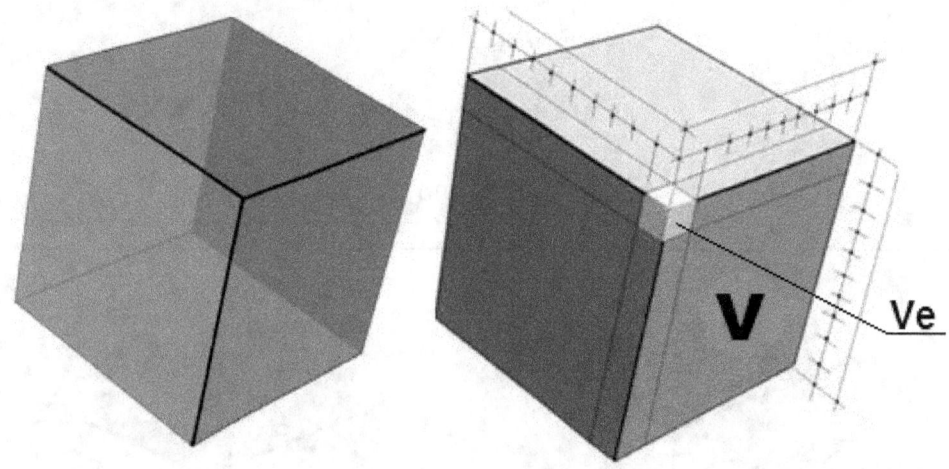

Fig.13.- Escalado del volumen real a la escala E: 1/10.

Volumen real total **V** del desplazamiento del casco de una embarcación a la escala de **E: 1/10**

DATOS:
V=Volumen real desplazado
Ve= Volumen a escala
V= 8 m3
E: 1/10

Ve = Volumen a la escala, **E: 1/10**

$$\text{Ve:} \frac{8\,m3}{10x10x10} = 0{,}008 \text{ m3}$$

Volumen desplazado a escala
V=0,008 m3

8 m3 a escala real equivale a **0,008** m3, en la escala **E: 1/10**

4.- ESCALA DE PESOS

4.-ESCALA DE PESOS

L a escala de pesos viene dada, por la aplicación del volumen encontrado en la escala de **VOLÚMENES** multiplicado por la densidad del mar estimada en (**Dm=1,025 Kg/m3**).
Fig.14

DATOS:

V= Volumen real
Ve = Volumen a escala encontrado
Dm = Densidad del mar
De= Desplazamiento embarcación
V= 8 m3
Dm=1,025 kg/m3
E: 1/10; E: 1/15; E= 1/20

De = Desplazamiento total de la embarcación

De = 8 x1, 025 = **8,2** t
De = 8,2 x 1000 = **8.200** kg

Conversión de los pesos reales a la escala **E: 1/10**
$$P = \frac{8.200\ kg}{10x10x10} = \textbf{8,2}\ kg$$

Conversión de los pesos reales a la escala **E: 1/15**
$$P = \frac{8.200\ kg}{15x15x15} = \textbf{2,43}\ kg$$

Conversión de los pesos reales a la escala **E: 1/20**
$$P = \frac{8.200\ kg}{20x20x20} = \textbf{1,025}\ kg$$

Apliquemos lo expuesto anteriormente sobre la escala lineal, la de superficies y la de volúmenes, pero lo haremos sobre una esfera, para apreciar quizás mejor la diferencia de reducciones de las distintas escalas.

Tenemos tres ejes (**x, y, z**), en un cubo **A**, en el cual introducimos una esfera, tangente a sus caras **C**. Fig.14

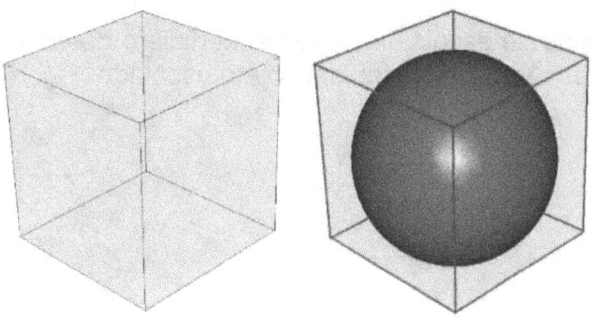

28

Fig.14.- (A).- Cubo   (B).- Esfera REAL

Vamos a reducir la esfera al **50%**, lo que equivale a la escala **E: 1/2**, al dividir el cubo en dos partes solo en uno de sus ejes, la esfera resultante nos queda reducida solo en una dirección, quedando las dos restantes intactas **C**. Escala de **LONGITUDES.**

Si realizamos la misma operación anterior pero con dos ejes, los cuales los reducimos a la mitad, quedando solo un eje intacto **D**. La esfera resultante esta reducida a escala solo en dos ejes, permaneciendo el tercero sin reducir. Escala de **SUPERFICIES.**

Finalmente si reducimos los tres ejes a la escala **E: 1/2**, a la mitad, la esfera quedará reducida a la escala en su totalidad **E**. Escala de **VOLÚMENES**. Fig.15-16-17

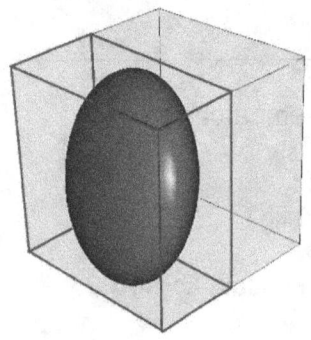

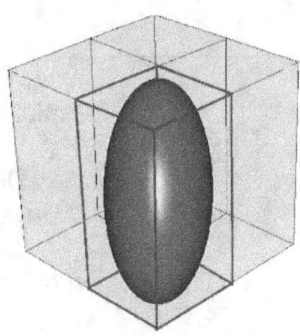

Fig.15.- (C) LONGITUDES   E: 1/2   *Fig.16.- (D) SUPERFICIES E: 1/2*

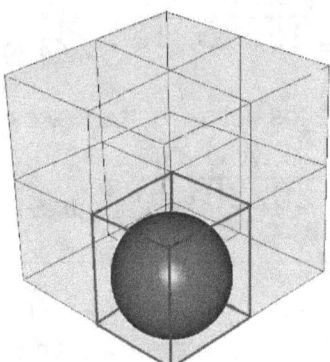

Fig.17.- (E) VOLÚMENES E: 1/2

Según se aplique un tipo de escala, lineal, de superficie o de volumen, encontraremos a nivel de volumen, tres formas distintas del objeto escalado. Fig.18

Esfera

29

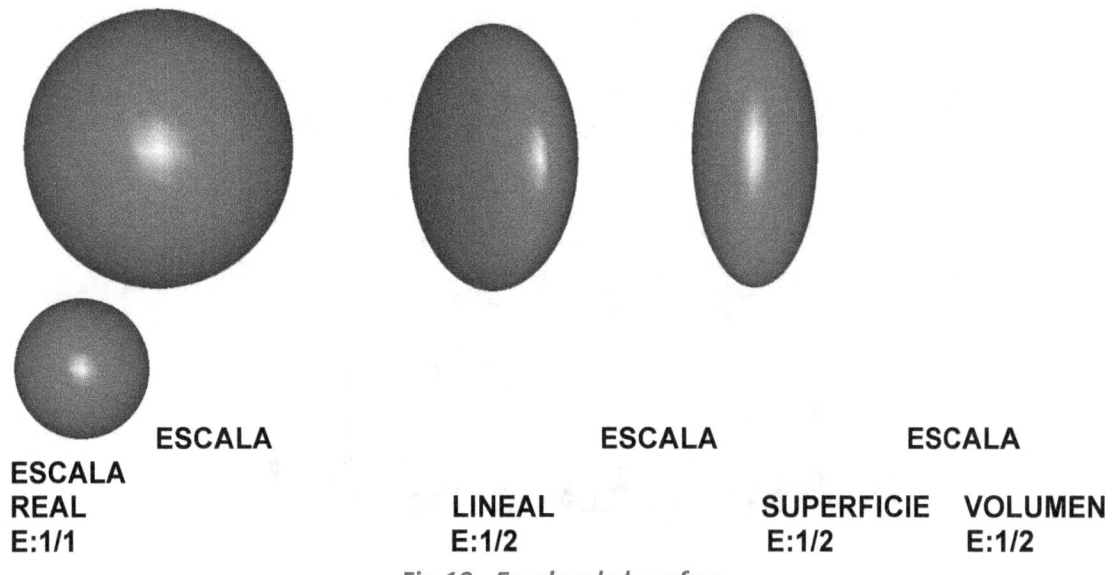

ESCALA	ESCALA	ESCALA	ESCALA
ESCALA **REAL** **E:1/1**	**LINEAL** **E:1/2**	**SUPERFICIE** **E:1/2**	**VOLUMEN** **E:1/2**

Fig.18.- Escalas de la esfera

Una forma de comprobar los resultados gráficos o bien, encontrar el peso de la maqueta o modelo de pruebas, de una forma estimativa, sería:

1.- Disponer de un modelo de embarcación a escala de pesos y de un recipiente **A** que lo introduciremos en otro **B**. Fig.19

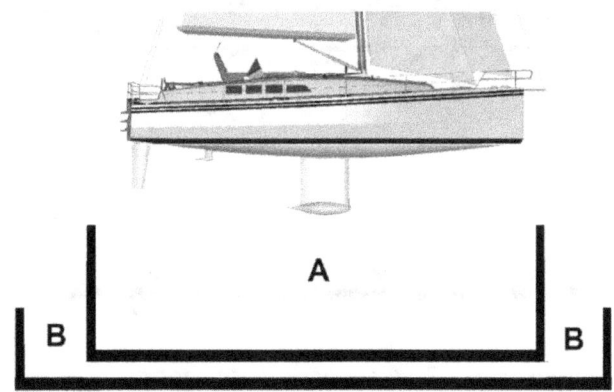

Fig.19.- Escalas de la esfera

2.- Colocado el recipiente **A** dentro del **B**, llenamos de agua el recipiente **A** hasta el límite superior.Fig.20

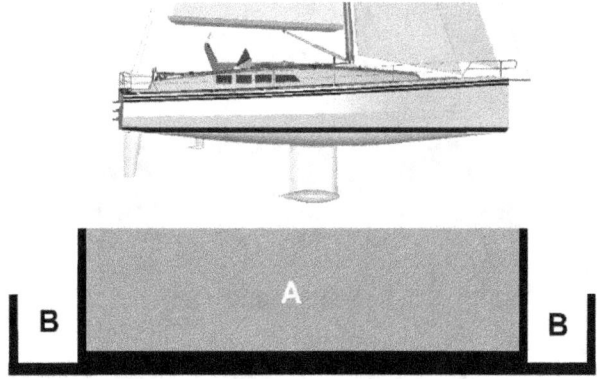

Fig.20.- Llenado de agua, recipiente A.

3.- introducimos la embarcación en el recipiente **A**. Por el principio de Arquímedes, la embarcación desplazaría el agua del recipiente **A** al recipiente **B**.

Fig.20.-Despazamiento del agua del A al B.

4.- Para verificar el peso del modelo de la embarcación, pesaríamos el agua desplazada al recipiente **B**, deduciendo el peso de dicho recipiente.Fig.21

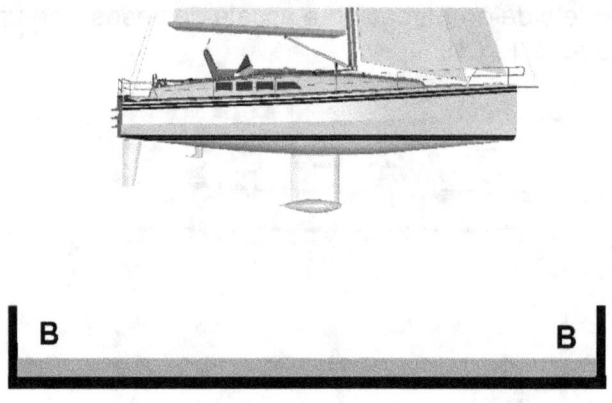

Fig.20.- Peso del agua desplazada.

31

32

PESOS DE UN MODELO

MODELOS Y MAQUETAS - ESCALAS

TABLAS DE ESCALA DE PESOS

PESOS A ESCALA DE UN MODELO

Para determinar los pesos más importantes que intervienen en un modelo y poder experimentar con él, buscar el equilibrio de los pesos de su interior y ver el comportamiento al desplazarlos. La escala de pesos, son necesarios para experimentar la insumergibilidad de las embarcaciones del tipo **IRF**, pudiendo observar con los pesos introducidos a escala, el proceso de recuperación con su interior lleno de agua, para ello confeccionaremos una tabla con los pesos más importantes.

La importancia de los pesos nos vendrá dada por la escala que apliquemos, ya que a escalas pequeñas **E: 1/20, E: 1/40, E: 1/80**, etc. los pesos quedan muy reducidos perdiendo exactitud.

Los pesos que forman parte de una embarcación, los podemos calcular independientemente, con el fin de establecer dentro de la maqueta o modelo, la situación de los mismos. Los pesos varían según las escalas, pudiendo llegar algunos pesos a quedar nulos Veamos como ejemplo la aplicación de distintas escalas de pesos de un tripulante.

DATOS:
Tripulante; P= 75 kg
P=Peso real
Pe= Peso a escala

Escala de pesos de un tripulante. **E: 1/20**

E: 1/20

$$Pe = \frac{75\ kg}{20x20x20} = 0{,}0093\ \text{kg}$$

1 Tripulante a escala **Pe= 0,0093** kg
Pe=0,0093 x1.000=**9,30** gr
Pe=9,30 gr.

Escala de pesos de un tripulante. **E: 1/15**

E: 1/15

$$Pe = \frac{75\ kg}{15x15x15} = 0{,}0222\ \text{kg}$$

1 Tripulante a escala **Pe= 0,0222** kg
Pe=0,0222x1.000=22,2 gr.
Pe=22,2 gr.

Escala de pesos de un tripulante. E: 1/10

E: 1/10

$$Pe = \frac{75\,kg}{10x10x10} = \textbf{0,075}\ kg$$

1 Tripulante a escala Pe=0,075 Kg
Pe=0,075 x1.000= **75** gr.
Pe=75 gr.

Crearemos una tabla de pesos para el modelo de pruebas "**NAUDA-40**", a la escala **E: 1/20** Fig.21.

DATOS:
Eslora real; E = 12 m
Eslora escala= Ee
Desplazamiento real ; P= 8,011 t.
Pe= Desplazamiento escala
E: 1/20

E:1/20

Eslora a escala =**E**

$$Ee = \frac{12m}{20} = \textbf{0,60}\ m.$$

Conversión a cm.
Ee= 0,60 x 100 = **60** cm.
E=60 cm.
Desplazamiento a escala

$$Pe = \frac{8.011\,kg}{20x20x20} = 1.001\,kg.$$

Pe=1.001 kg

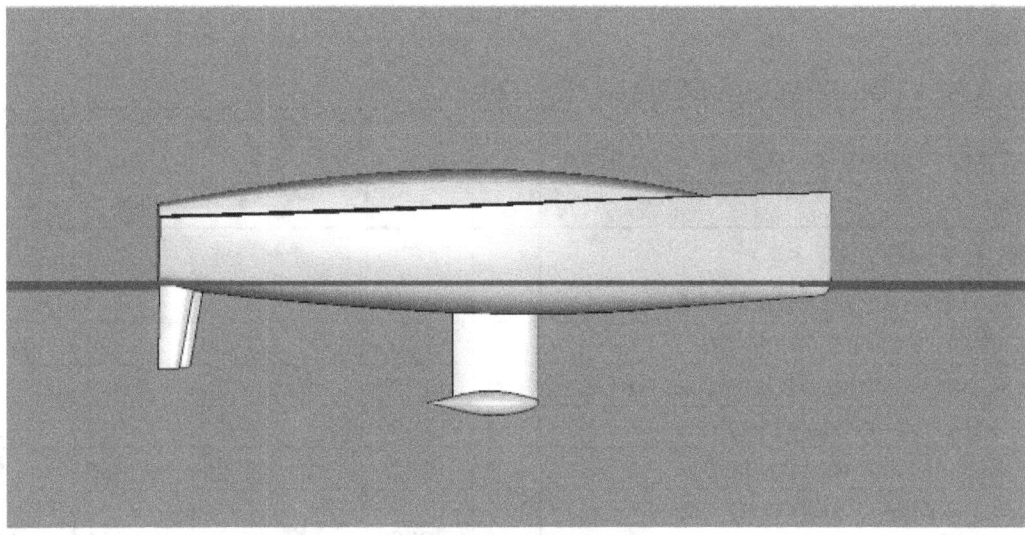

Fig.21.-NAUTA 40-IRF

Tabla de pesos para el modelo del velero a la escala **E: 1/20** del velero "**NAUTA 40**"
La conversión de los pesos reales en **Kg**, para pasarlos a la columna **E: 1/20**, convirtiéndolos y reduciéndolos a escala lo haremos, tal como se ha dicho anteriormente:

Ejemplo.
Cogemos la partida "**1.01.-Lastre, bulbo de plomo** ", cuyo peso real es **Pr=2.630** kg, y lo dividiremos por las unidades de la escala de volúmenes **E: 1/20.**

Datos:
Pr= Peso real
Pe=Peso a escala
Pr= 2.630 Kg.
E: 1/20

$$Pe= \frac{Pr}{20 \times 20 \times 20} = \frac{2.630 \text{ Kg}}{8.000} = 0,329 \text{ Kg.}$$

$$Pe= 0,329 \text{ Kg.} = 329 \text{ gr.}$$

$$\boxed{Pe=329 \text{ gr.}}$$

Con los datos del proyecto, siguiendo lo indicado completaremos la **TABLA Nº 1**, considerando la embarcación, a plena carga con toda la tripulación, enseres, provisiones, depósitos llenos, etc., lo que podríamos llamar salida del puerto para realizar una singladura.

TABLA Nº 1 - DE PESOS A ESCALA E: 1/20

SALIDA PUERTO - PLENA CARGA		REAL	REAL	E:1/20	TOTAL
	U.	T.	kg	kg	gr
PESOS FIJOS					
1.-METALES					
1.01.- Lastre, bulbo de plomo.	1	2,6300	2.630,00	0,329	**329**
1.02.-Chapa inoxidable laterales NACA.	1	0,2270	227,00	0,028	**28**
1.03.-Pletinas verticales lastre.	1	0,0980	98,00	0,012	**12**
1.04.-Pletinas horizontales lastre.	1	0,0620	62,00	0,008	**8**
1.05.-Ejes palas timones de acero inoxidable.	1	0,0860	86,00	0,011	**11**
1.06.-Pletinas de los ejes de los timones.	1	0,0005	0,00	0,001	**1**
1.07.-Motor Interior.	1	0,1920	192,00	0,024	**24**
1.08.-Refuerzo ST casco, inoxidable.	1	0,2480	248,00	0,031	**31**
1.09.-Refuerzo ST cubierta, inoxidable.	1	0,0680	68,00	0,009	**9**
1.10.-Mastil y botavara	1	0,1390	139,00	0,017	**17**
1.11.- Puente aluminio carro botavara.	1	0,0150	1,005	0,002	**2**
1.12.-Ancla + Motor +cadenas	1	0,1000	100,00	0,013	**13**
1.13.-Winches	1	0,0360	36,00	0,005	**5**
2.-LAMINACIONES					
2.01.-Casco macizo –Z2	1	0,4990	499,00	0,062	**62**
2.02.-Casco sándwich -Z2	1	0,2760	276,00	0,035	**35**
2.03.-Cubierta sándwich C1 Y C2-PVC	1	0,3090	309,00	0,039	**39**
2.04.-Pala timón	1	0,0080	8,00	0,001	**1**
2.05.-Refuerzos ST Y SL, base del casco	1	0,2500	250,00	0,003	**3**
2.06.-Refuerzos SL, laterales casco	1	0,0460	46,00	0,006	**6**
3.-MADERAS					
3.01.-Mamparos y tableros ST, SL y SH	1	0,8170	817,00	0,102	**102**
3.02.-Teca cubierta SH	1	0,1220	122,00	0,015	**15**
4.-ESPUMAS					
4.01.-Casco DIVINYCELL	1	0,0560	56,00	0,007	**7**
4.02.-Cubierta DIVINYCELL	1	0,0610	61,00	0,008	**8**
4.03.-Espuma IRF	1	0,4450	445,00	0,056	**56**
4.04.-Espuma Orza -Perfil NACA	1	0,0010	1,00	0	**0**
4.05.-Espuma REFUERZOS	1	0,0005	1,00	0	**0**

4.06.- Espuma palas timón	1	0,0005	1,00	0	**0**
5.-VARIOS					
5.01.-Baterías	1	0,0900	90,00	0,011	**11**
5.02.-Velas	1	0,0480	48,00	0,006	**6**
PESOS MÓVILES					
6.-VARIOS					
6.01.-Patrón	1	0,0750	75,00	0,009	**9**
6.02.-Tripulación	1	0,3750	375,00	0,047	**47**
6.03.-Bote auxiliar	1	0,0250	25,00	0,003	**3**
6.04.-Equipajes	1	0,1500	150,00	0,019	**20**
PESOS CONSUMIBLES					
7.- SÓLIDOS Y LÍQUIDOS					
7.01.-Depósitos de agua potable	1	0,2000	200,00	0,025	**25**
7.02.-Depósitos de combustible	1	0,1750	175,00	0,022	**22**
7.03.-Depósitos aguas negras	1	0,0800	80,00	0,010	**10**
7.04.-Alimentos, bebidas, utensilios	1	0,0200	20,00	0,003	**3**
7.05.-Otros1	1	0,1800	180,00	0,023	**23**

		t.	**kg**	**kg**	**gr**
DESPLAZAMIENTO TOTAL		**8,111**	**8.211,00**	**1,001**	**1001**

El peso total de la embarcación real es **8.211** Kg, este peso trasladado a la escala de E: 1/20, nos daría un peso de:

Datos:
PT= Peso total real
Pe=Peso a escala
Pr= 2.630 Kg.
E: 1/20

$$Pe = \frac{PT}{20 \times 20 \times 20}$$

$$Pe = \frac{8.211 \text{ kg.}}{20 \times 20 \times 20} = 1,026 \text{ Kg.}$$

$$Pe = 1,026 \text{ Kg.} = 1.026 \text{ Kg.}$$

$$\boxed{Pe = 1.026 \text{ Kg.}}$$

El peso total a escala **E: 1/20**, calculado en la tabla, **Pe = 1.001** gr
El peso total real a escala, **Pe = 1.026** gr.
Existe una diferencia de, **1.026 – 1.001 = 25** gr.
El peso estimado del casco de la maqueta o modelo es de **25** gr.

Para ajustarnos al máximo a los pesos reales, entre los cuales existe una diferencia por haber reducido en la tabla decimales, procederemos de la siguiente manera:

1.- El peso encontrado de la maqueta en la tabla es de **1.001** gr., a este peso le tendríamos que añadir la diferencia de **25** gr., lo que nos daría un total de **1.026** gr.

2.- El peso estimado del casco de poliéster de la embarcación es de **25** gr., este peso se tendría que deducir del peso total encontrado de **1.026** gr., ya que el casco está contemplado sus pesos en la **TABLA nº1.**

3.- Por lo indicado en los puntos **1** y **2**, el resultado final del peso total de la embarcación trasladado a escala de **E: 1/20,** como definitivo para el modelo será:

Peso total del modelo o maqueta
Pe = 1.026 – 25 = **1.001** gr.

Pe = 1.001 gr.

Embarcación a vela del tipo insumergible con recuperación de la flotabilidad **IRF**, diseño sobre el que se ha estimado la conversión de pesos a la escala **E: 1/20** dando el resultado de **Pe= 1.001** Kg. Fig.22

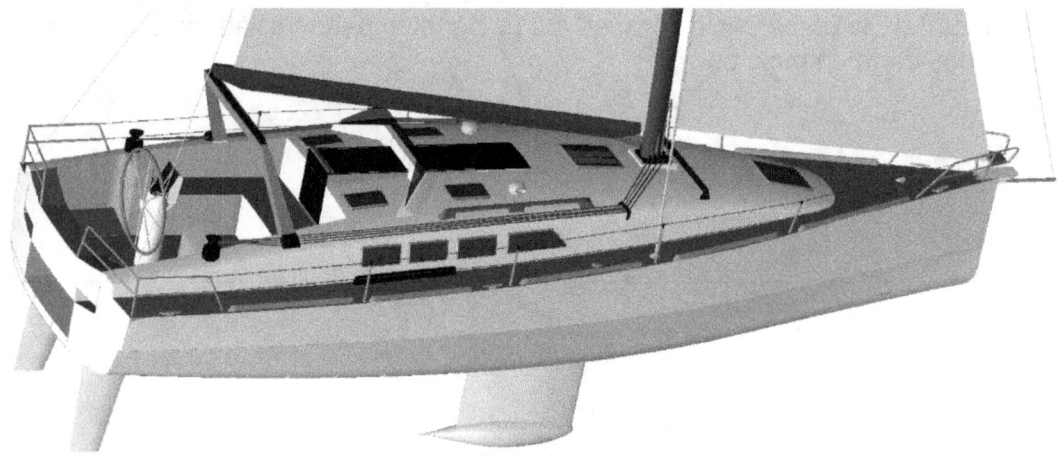

Fig.22.-NAUTA 40-IRF

39

Se puede colocar los pesos más importantes en el interior de casco, repartidos según su situación aproximada como se indicará más adelante, o bien optar por la colocación de un solo peso. En este caso podría ser una pesa de gimnasio de **1** kg.

La pesa la colocaríamos en el interior del casco, centrándola en la obra viva. Una vez colocado el casco sobre el agua, moveremos la pesa hasta conseguir que la línea de flotación quede paralela con el agua y a su nivel, conseguido esto la fijaremos en su interior o bien podemos colgarla del casco en el exterior en substitución de la orza.

El procedimiento visualmente sería:

1.- Colocamos el casco en el agua y dejamos en su interior una pesa de **1** Kg, equivalente al peso en la escala. La línea de flotación debe de estar horizontal y a nivel del agua.Fig.23

Fig.23.-Embarcación-IRF, modelo de pruebas.

2.- Llenamos de agua coloreada su interior, simulando una entrada de agua en la embarcación real que provoca el hundimiento, perdiendo flotación. Fig.24

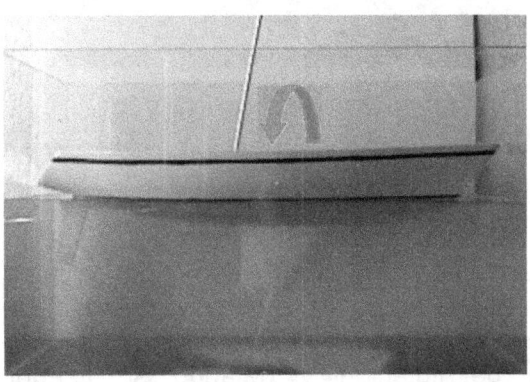 

Fig.24.-Llenado de agua.

3.- El casco queda lleno de agua, que le ha producido un hundimiento por su peso. Una embarcación del tipo **IRF**, puede inundarse con un hundimiento parcial, pero nunca se puede hundir del todo.Fig.25

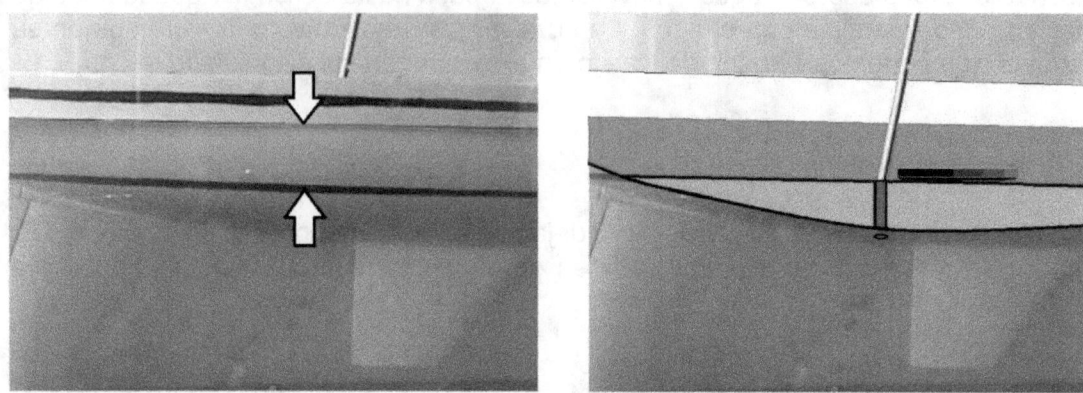

Fig.25.-Hundimiento, pérdida de flotación.

4.-Activamos el **IRF**, que consiste en conectar el interior con el exterior, para que la embarcación equilibre los niveles del agua interior con el exterior, por el efecto de los vasos comunicantes. Fig.26

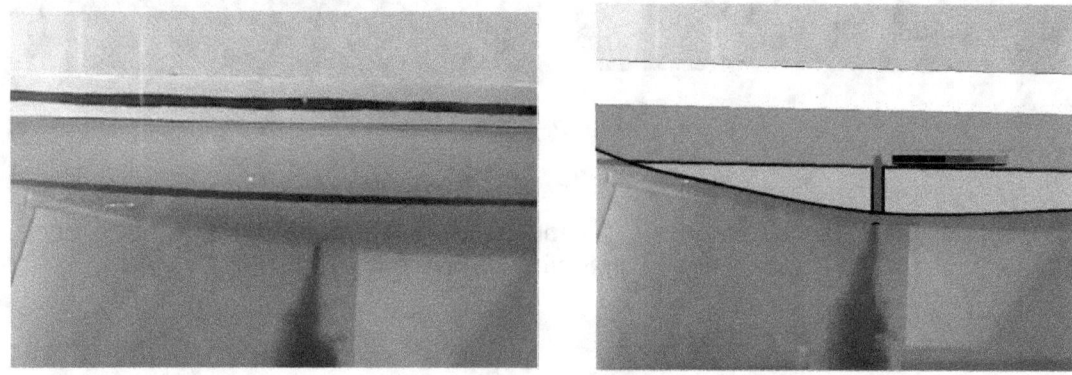

Fig.26.-Expulsión del agua interior.

5.- Efectuada la expulsión total del agua interior, la embarcación recupera la flotabilidad perdida. Realizada la prueba se puede dar como aptos los cálculos realizados consistentes en la conversión de la escala de pesos, quedando demostrada la insumergibilidad de la embarcación y su recuperación por si sola de la flotabilidad perdida, recuperando totalmente la línea de flotación y dejando su interior completamente seco.

Habiendo verificado el comportamiento del modelo de pruebas de la embarcación **IRF**, el diseño de dicha queda listo para proceder a su construcción real.Fig.26

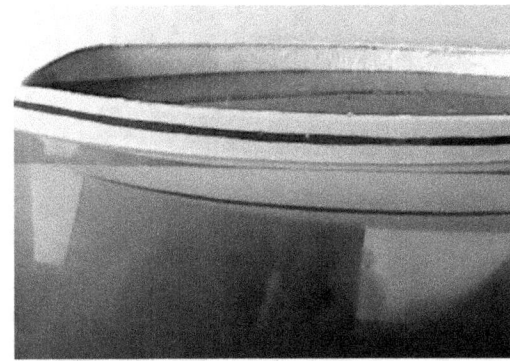 

Fig.26.-Embarcación-IRF. Insumergible

CONSTRUCCIÓN DE UN MODELO

CORTE DE PLANOS

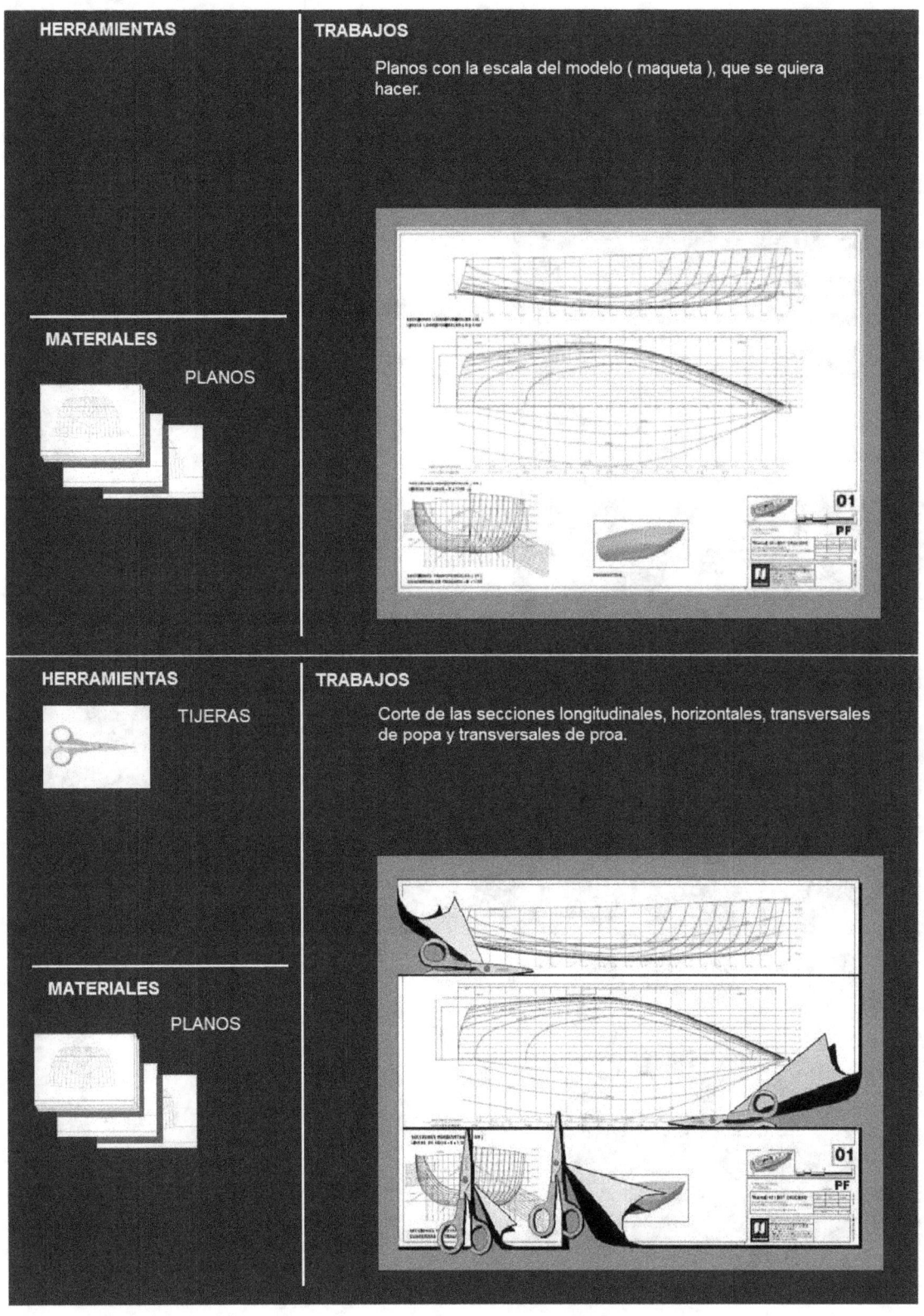

HERRAMIENTAS

MATERIALES

PLANOS

HERRAMIENTAS

TIJERAS

MATERIALES

PLANOS

TRABAJOS

Planos con la escala del modelo (maqueta), que se quiera hacer.

TRABAJOS

Corte de las secciones longitudinales, horizontales, transversales de popa y transversales de proa.

HERRAMIENTAS

LAPIZ

TRABAJOS

Situación de una línea de referencia a una altura (H), en las secciones longitudinales y transversales.

MATERIALES

PLANOS

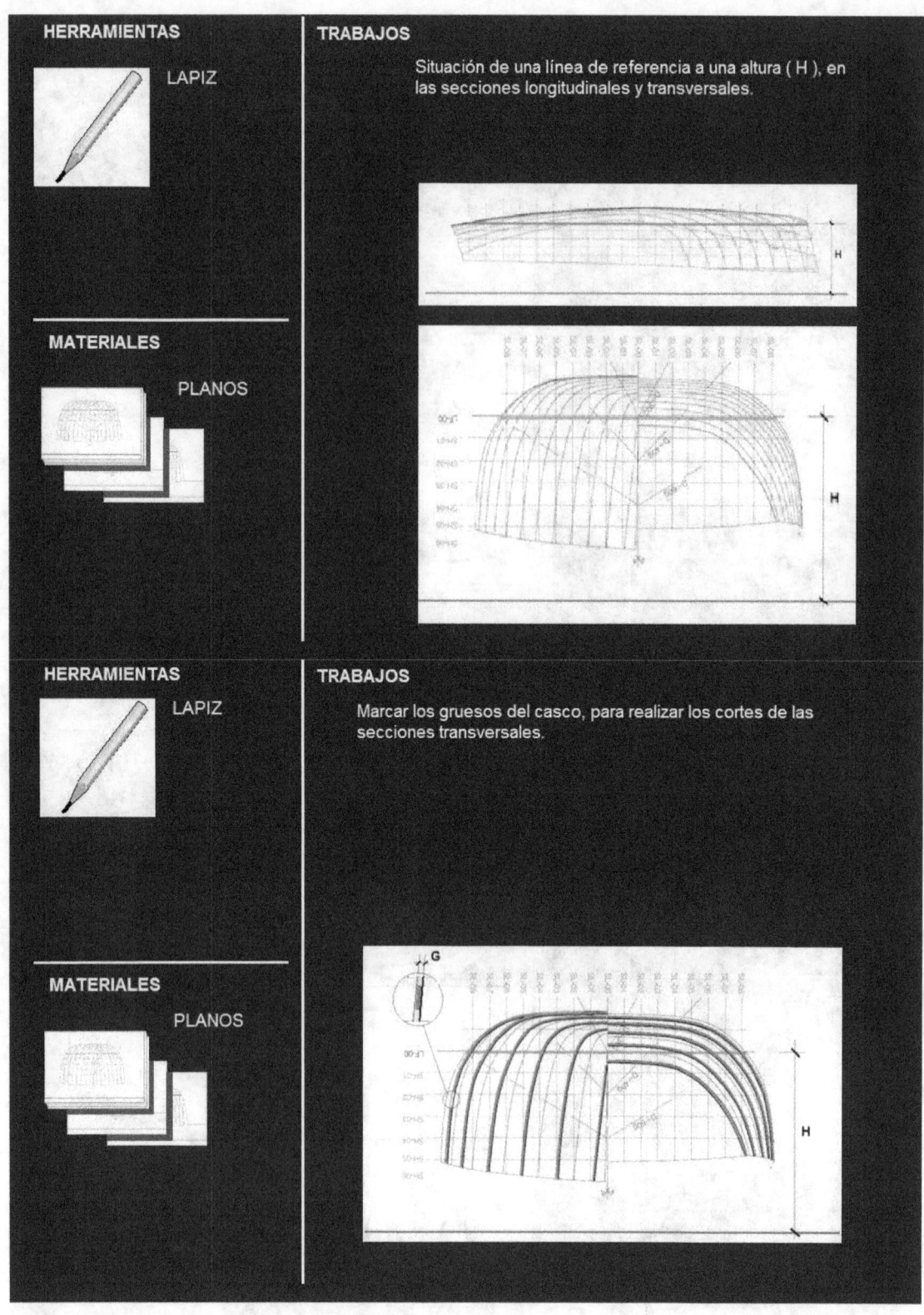

HERRAMIENTAS

LAPIZ

TRABAJOS

Marcar los gruesos del casco, para realizar los cortes de las secciones transversales.

MATERIALES

PLANOS

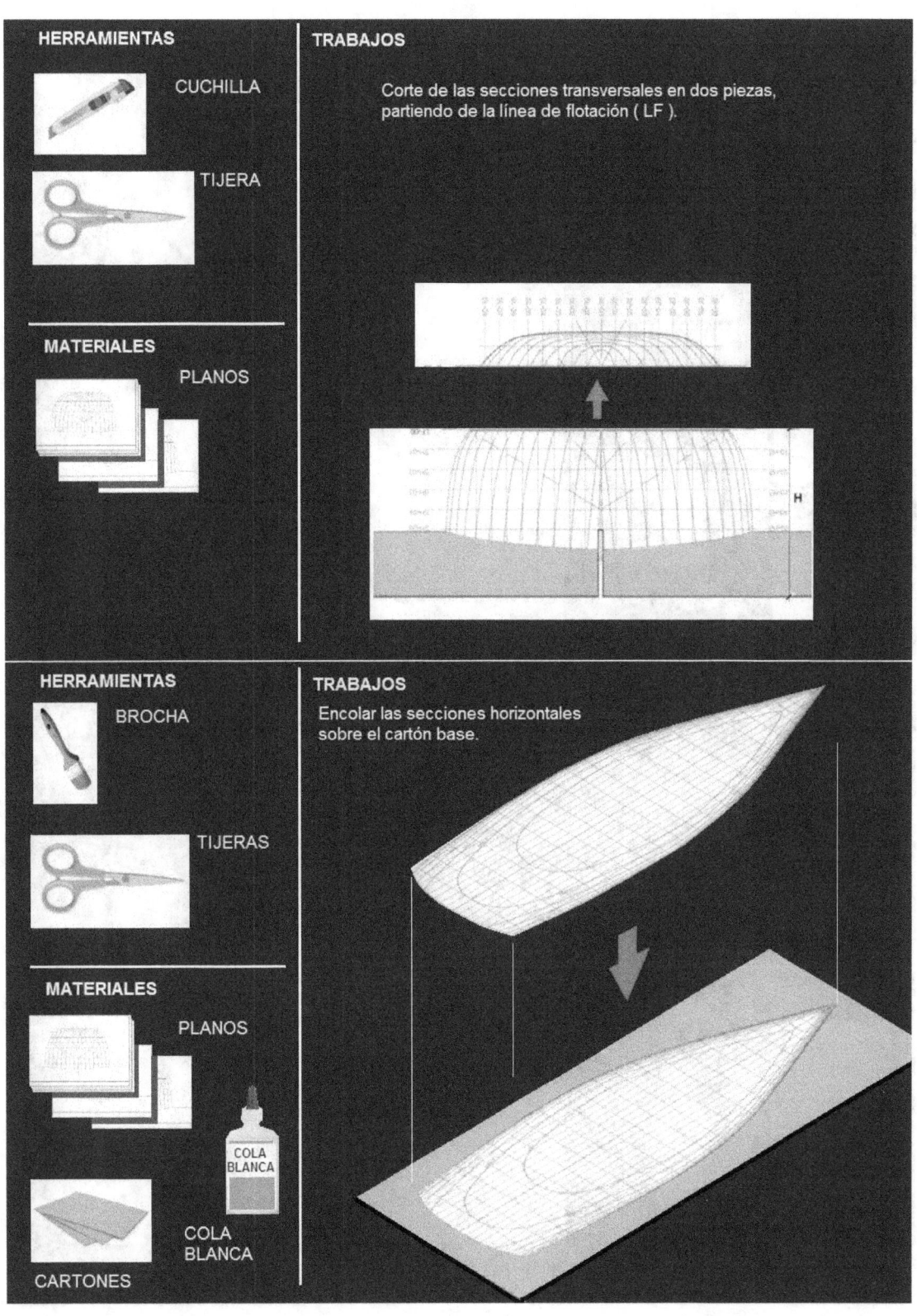

HERRAMIENTAS

CUCHILLA

TIJERA

MATERIALES

PLANOS

TRABAJOS

Corte de las secciones transversales en dos piezas, partiendo de la línea de flotación (LF).

HERRAMIENTAS

BROCHA

TIJERAS

MATERIALES

PLANOS

COLA BLANCA

COLA BLANCA

CARTONES

TRABAJOS

Encolar las secciones horizontales sobre el cartón base.

ENCOLADO DE PLANOS

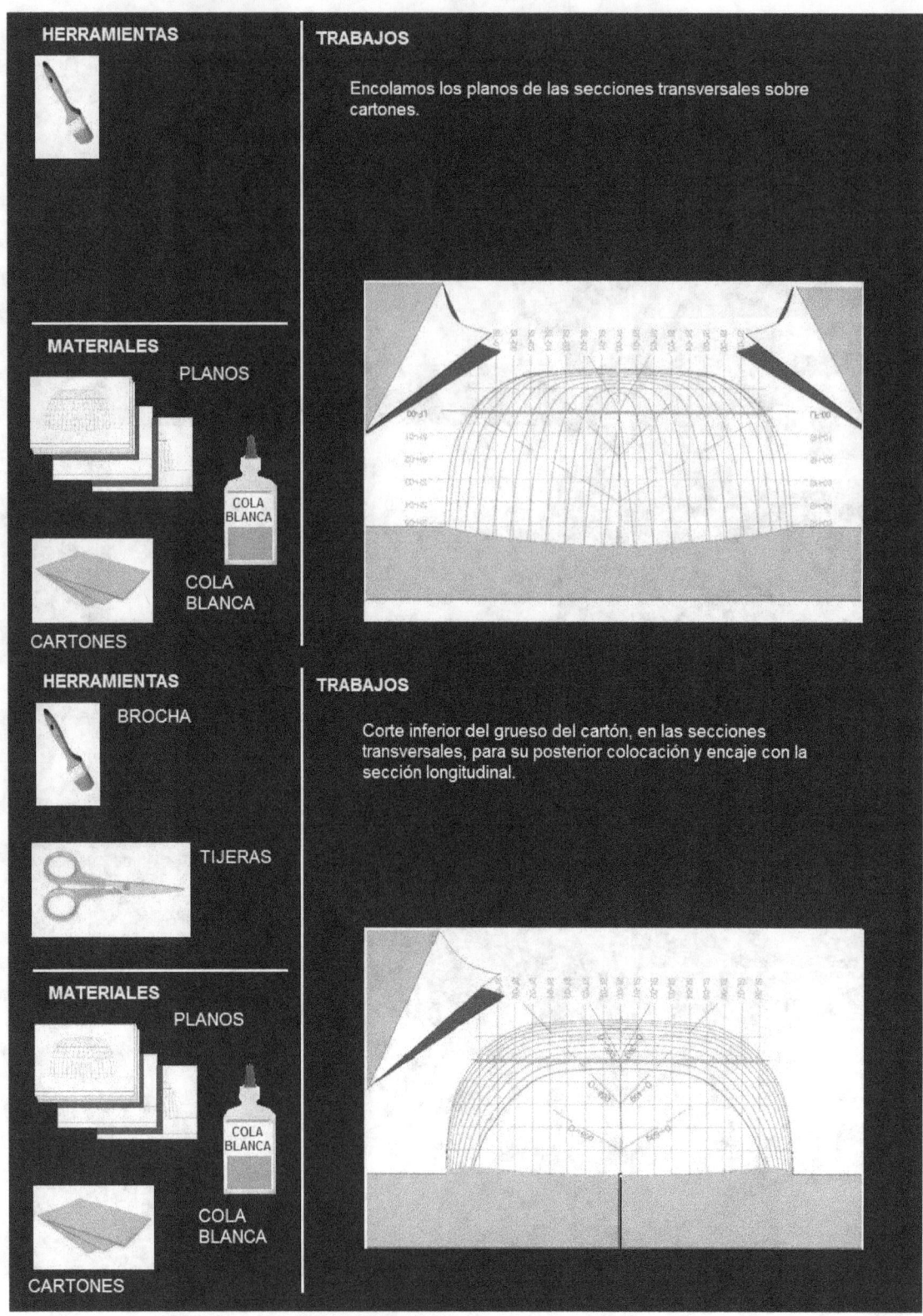

HERRAMIENTAS

MATERIALES

PLANOS

COLA BLANCA

COLA BLANCA

CARTONES

HERRAMIENTAS

BROCHA

TIJERAS

MATERIALES

PLANOS

COLA BLANCA

COLA BLANCA

CARTONES

TRABAJOS

Encolamos los planos de las secciones transversales sobre cartones.

TRABAJOS

Corte inferior del grueso del cartón, en las secciones transversales, para su posterior colocación y encaje con la sección longitudinal.

SECCIONES TRANSVERSALES

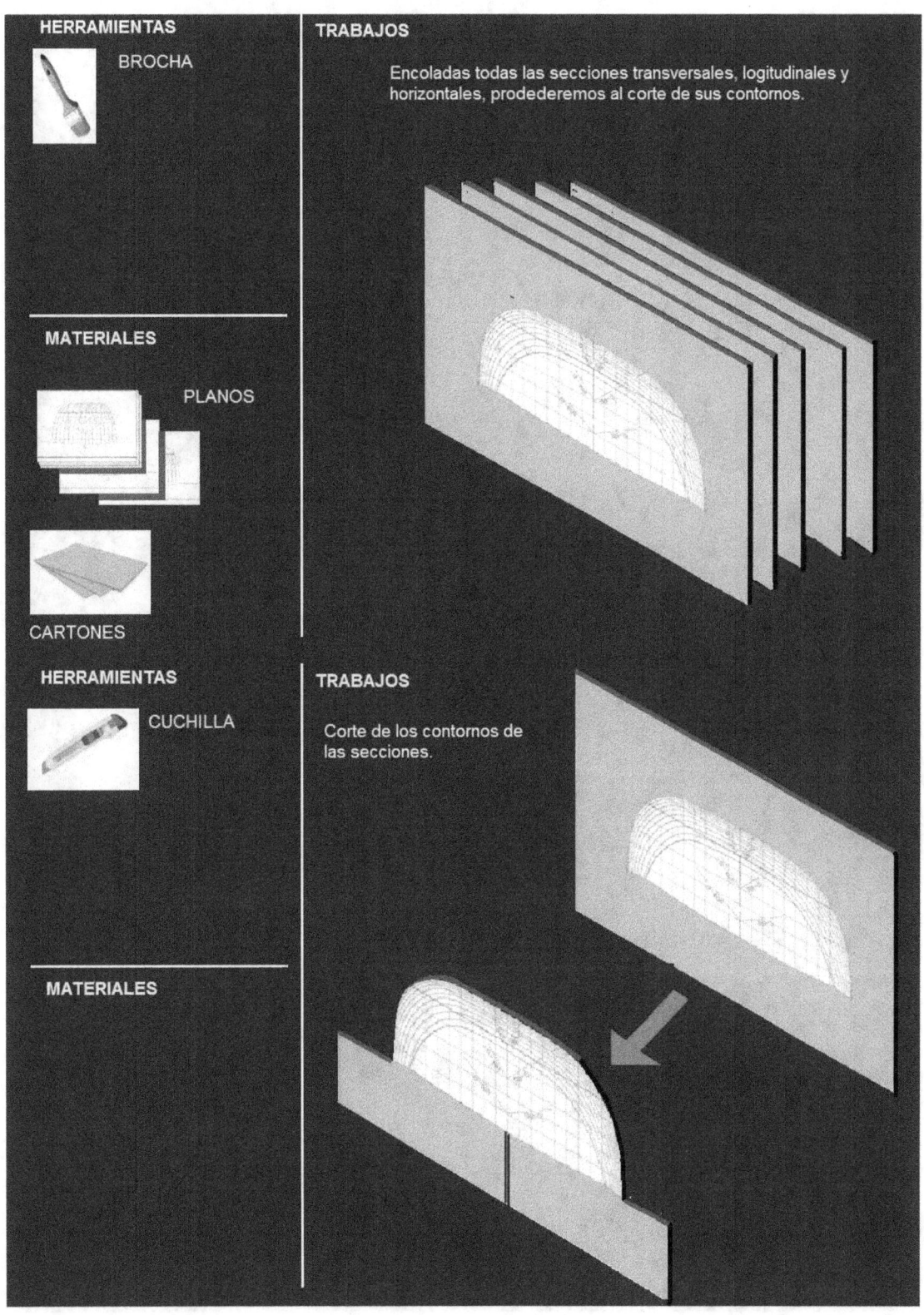

HERRAMIENTAS

BROCHA

MATERIALES

PLANOS

CARTONES

HERRAMIENTAS

CUCHILLA

MATERIALES

TRABAJOS

Encoladas todas las secciones transversales, logitudinales y horizontales, prodederemos al corte de sus contornos.

TRABAJOS

Corte de los contornos de las secciones.

50

SECCIONES LONGITUDINALES

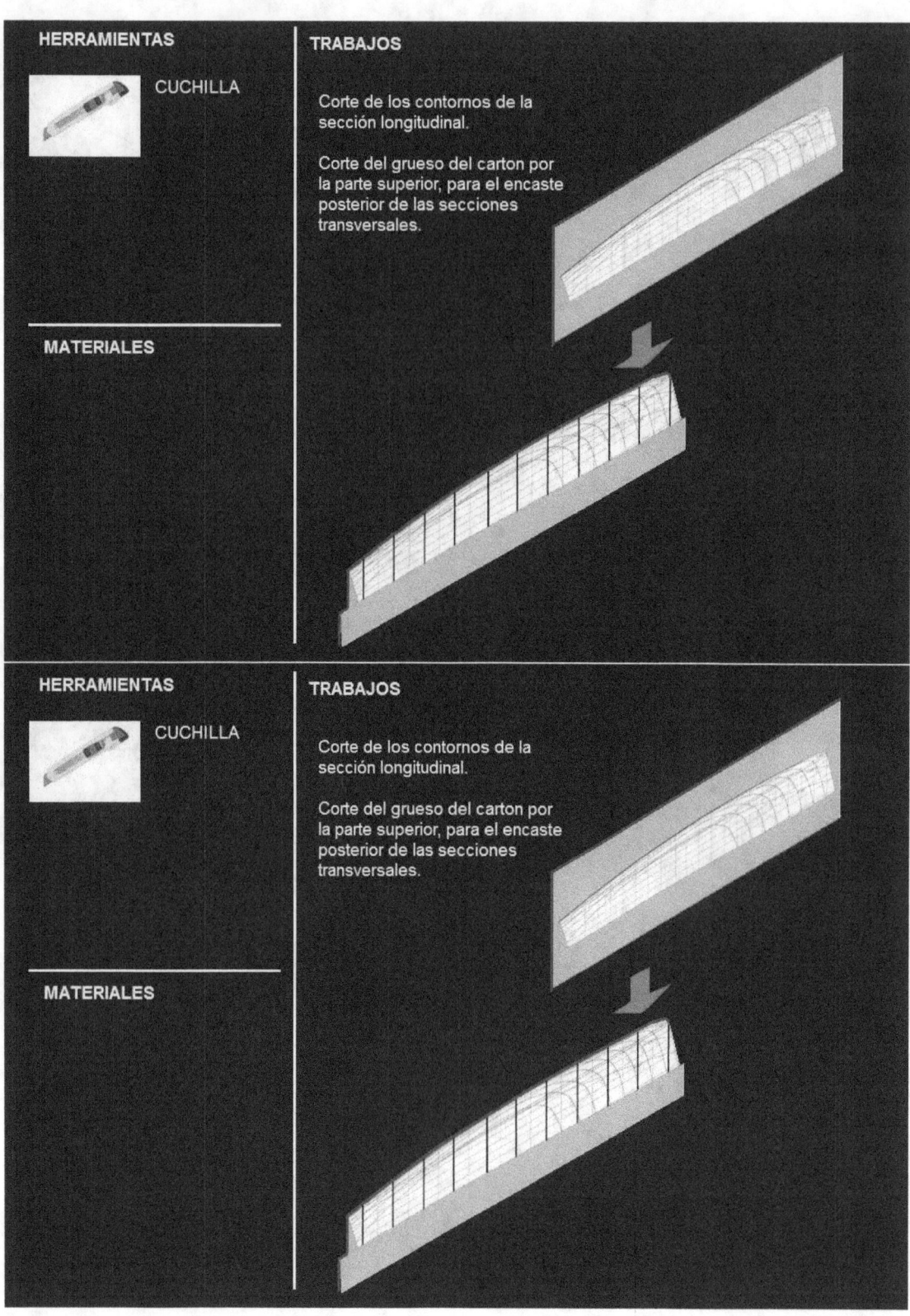

HERRAMIENTAS

CUCHILLA

MATERIALES

TRABAJOS

Corte de los contornos de la sección longitudinal.

Corte del grueso del carton por la parte superior, para el encaste posterior de las secciones transversales.

HERRAMIENTAS

CUCHILLA

MATERIALES

TRABAJOS

Corte de los contornos de la sección longitudinal.

Corte del grueso del carton por la parte superior, para el encaste posterior de las secciones transversales.

BASES

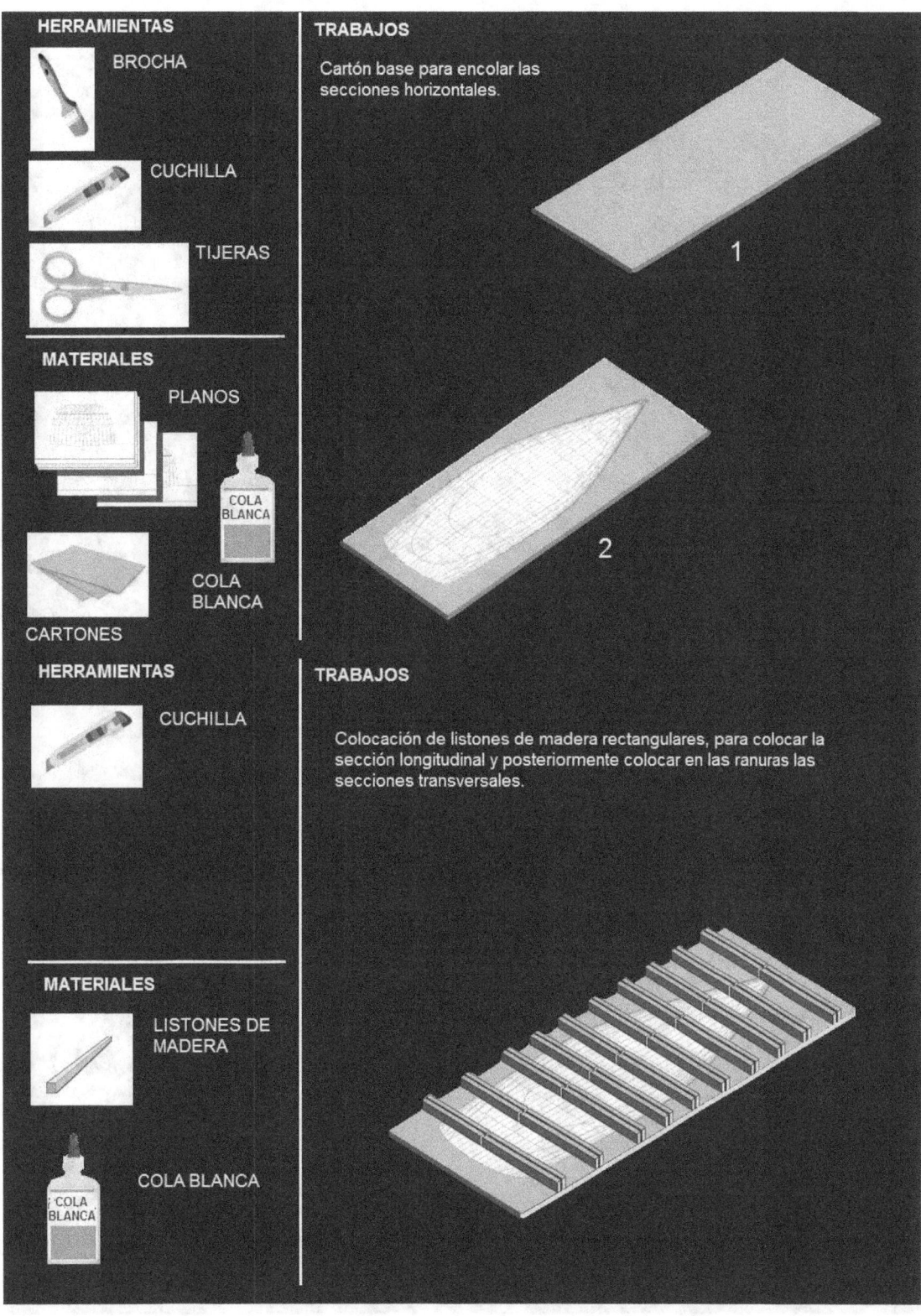

HERRAMIENTAS

BROCHA

CUCHILLA

TIJERAS

MATERIALES

PLANOS

COLA
BLANCA

COLA
BLANCA

CARTONES

HERRAMIENTAS

CUCHILLA

MATERIALES

LISTONES DE
MADERA

COLA BLANCA

TRABAJOS

Cartón base para encolar las
secciones horizontales.

1

2

TRABAJOS

Colocación de listones de madera rectangulares, para colocar la
sección longitudinal y posteriormente colocar en las ranuras las
secciones transversales.

COLOCACIÓN SECCIONES

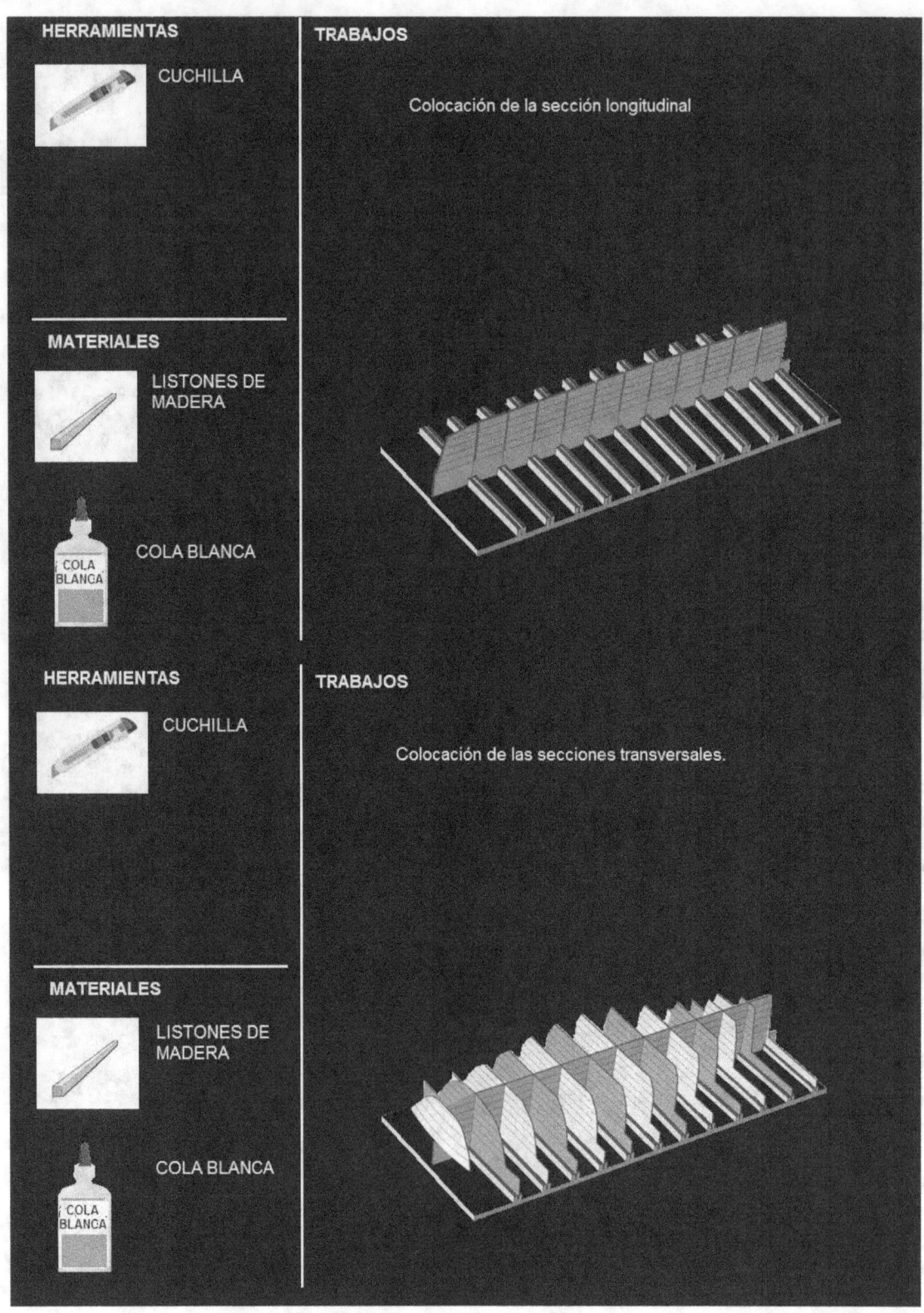

HERRAMIENTAS

CUCHILLA

MATERIALES

LISTONES DE MADERA

COLA BLANCA

TRABAJOS

Colocación de la sección longitudinal

HERRAMIENTAS

CUCHILLA

MATERIALES

LISTONES DE MADERA

COLA BLANCA

TRABAJOS

Colocación de las secciones transversales.

53

COLOCACIÓN SECCIÓN HORIZONTAL –IRF-

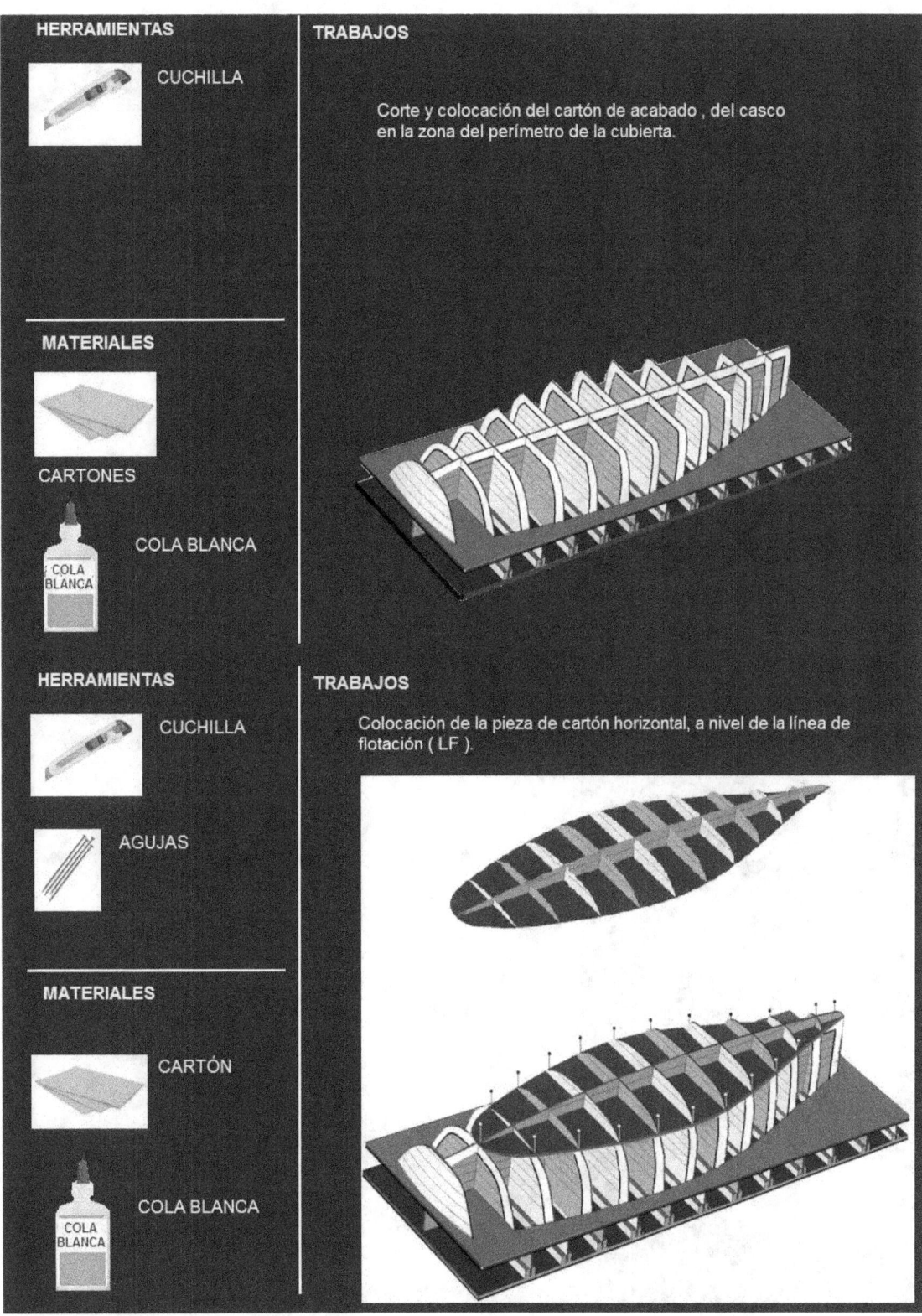

HERRAMIENTAS

CUCHILLA

TRABAJOS

Corte y colocación del cartón de acabado , del casco
en la zona del perímetro de la cubierta.

MATERIALES

CARTONES

COLA BLANCA

HERRAMIENTAS

CUCHILLA

AGUJAS

TRABAJOS

Colocación de la pieza de cartón horizontal, a nivel de la línea de
flotación (LF).

MATERIALES

CARTÓN

COLA BLANCA

54

EJECUCIÓN DEL CASCO

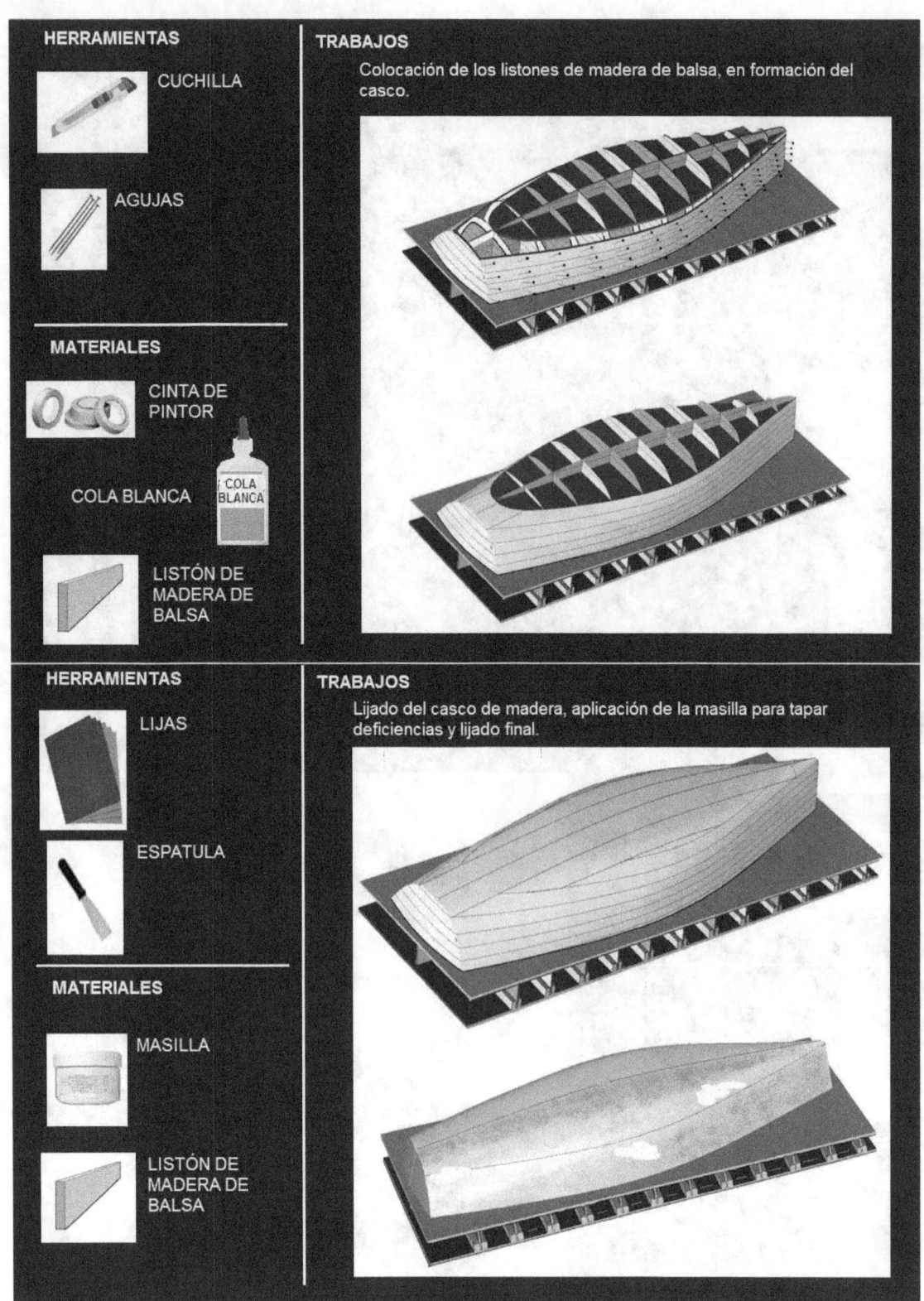

HERRAMIENTAS

CUCHILLA

AGUJAS

MATERIALES

CINTA DE PINTOR

COLA BLANCA

LISTÓN DE MADERA DE BALSA

TRABAJOS

Colocación de los listones de madera de balsa, en formación del casco.

HERRAMIENTAS

LIJAS

ESPATULA

MATERIALES

MASILLA

LISTÓN DE MADERA DE BALSA

TRABAJOS

Lijado del casco de madera, aplicación de la masilla para tapar deficiencias y lijado final.

55

ACABADO INTERIOR CASCO

56

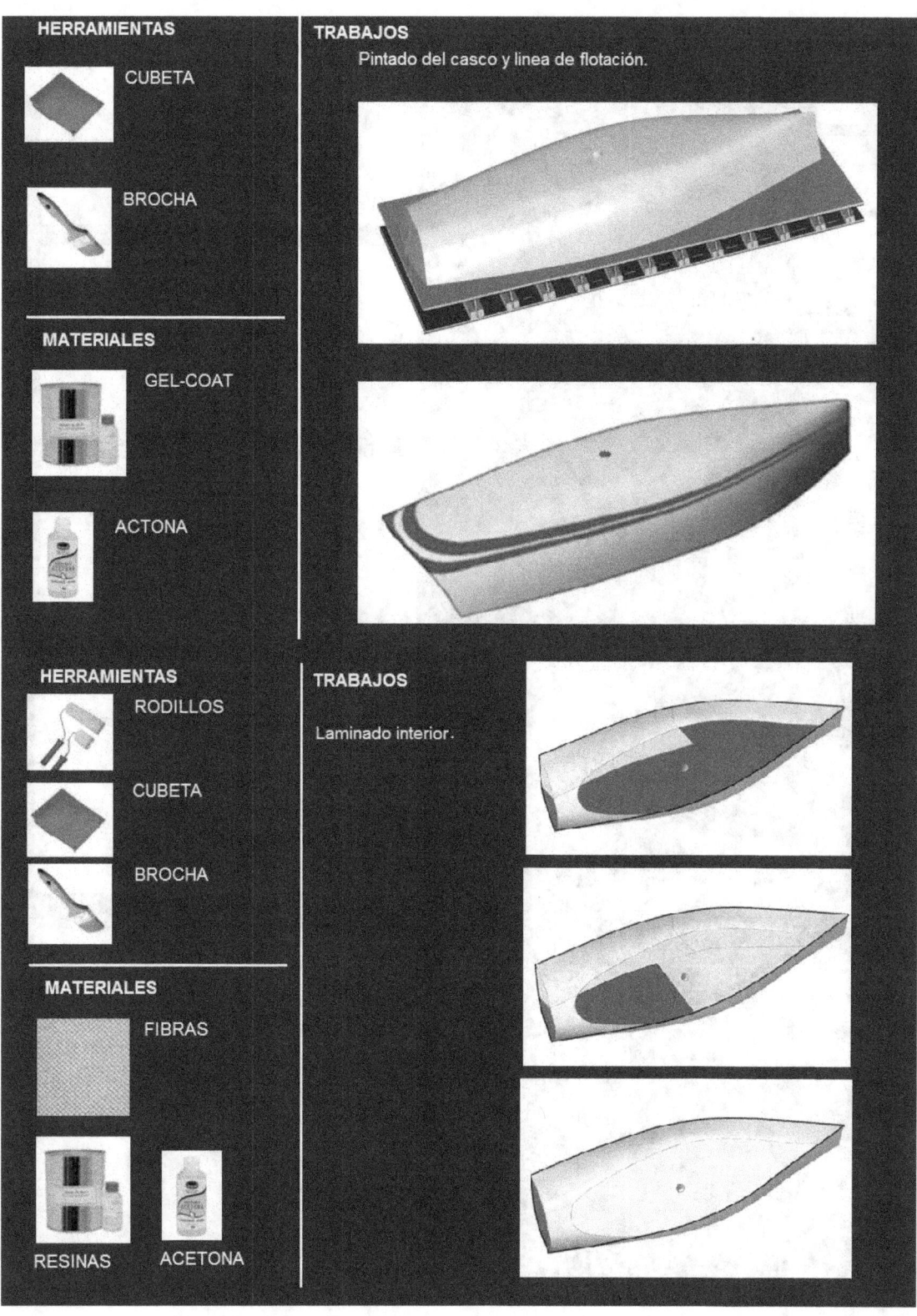

REPARTO DE ZONAS

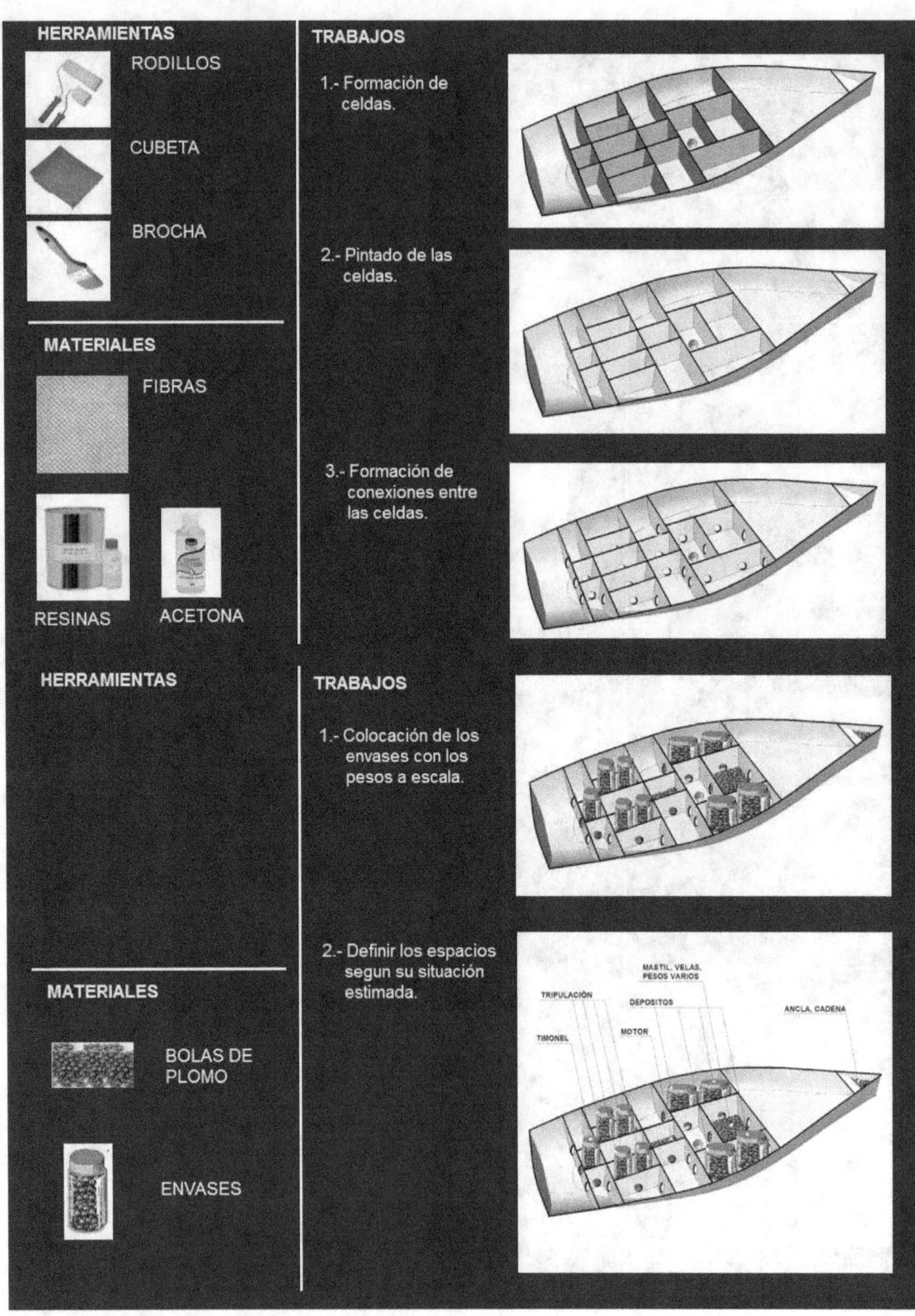

HERRAMIENTAS

RODILLOS

CUBETA

BROCHA

MATERIALES

FIBRAS

RESINAS   ACETONA

HERRAMIENTAS

MATERIALES

BOLAS DE PLOMO

ENVASES

TRABAJOS

1.- Formación de celdas.

2.- Pintado de las celdas.

3.- Formación de conexiones entre las celdas.

TRABAJOS

1.- Colocación de los envases con los pesos a escala.

2.- Definir los espacios segun su situación estimada.

MASTIL, VELAS, PESOS VARIOS

TRIPULACIÓN

DEPOSITOS

ANCLA, CADENA

TIMONEL

MOTOR

PESOS A ESCALA

58

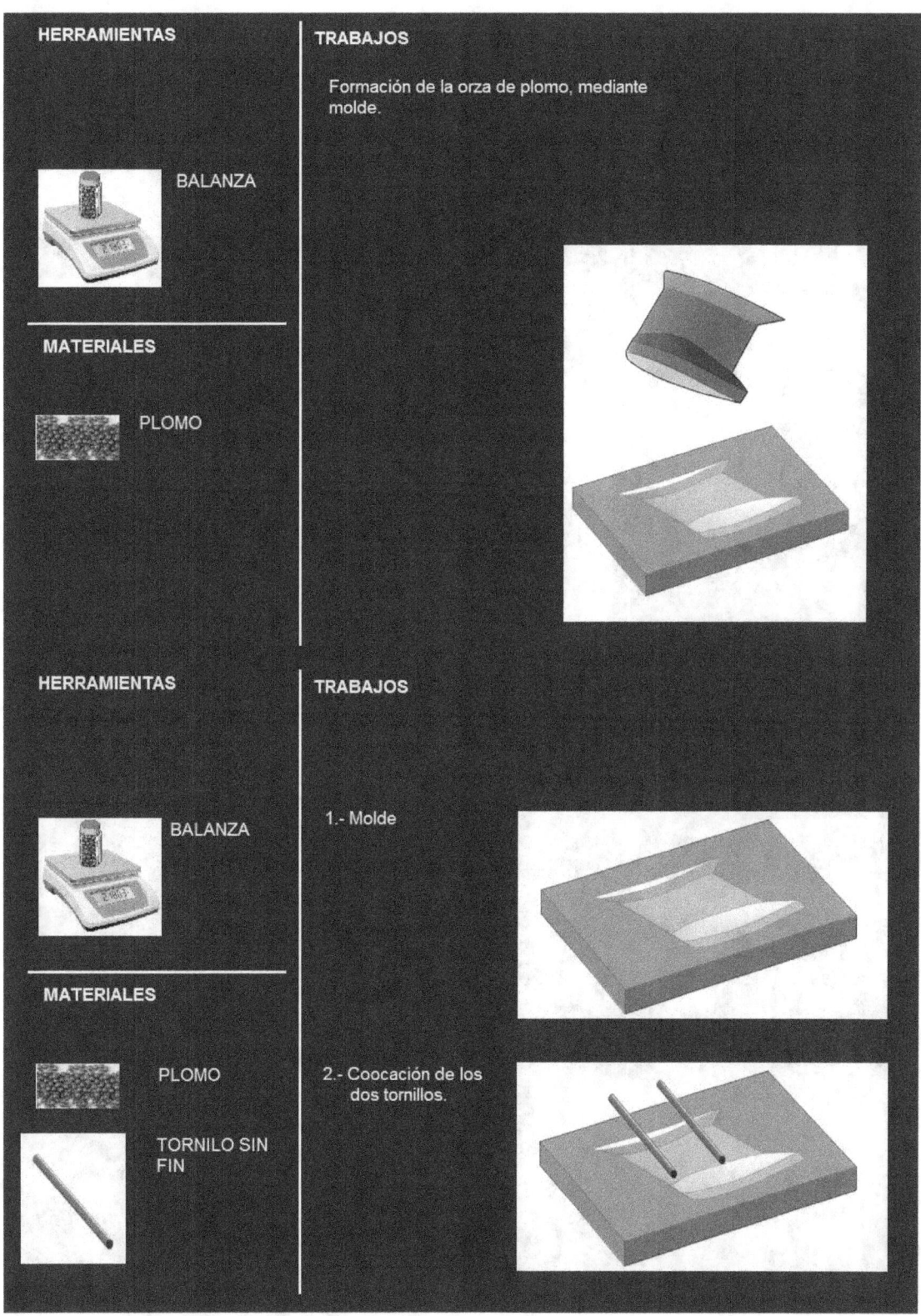

HERRAMIENTAS

BALANZA

MATERIALES

PLOMO

HERRAMIENTAS

BALANZA

MATERIALES

PLOMO

TORNILO SIN FIN

TRABAJOS

Formación de la orza de plomo, mediante molde.

TRABAJOS

1.- Molde

2.- Coocación de los dos tornillos.

COLOCACIÓN LASTRE

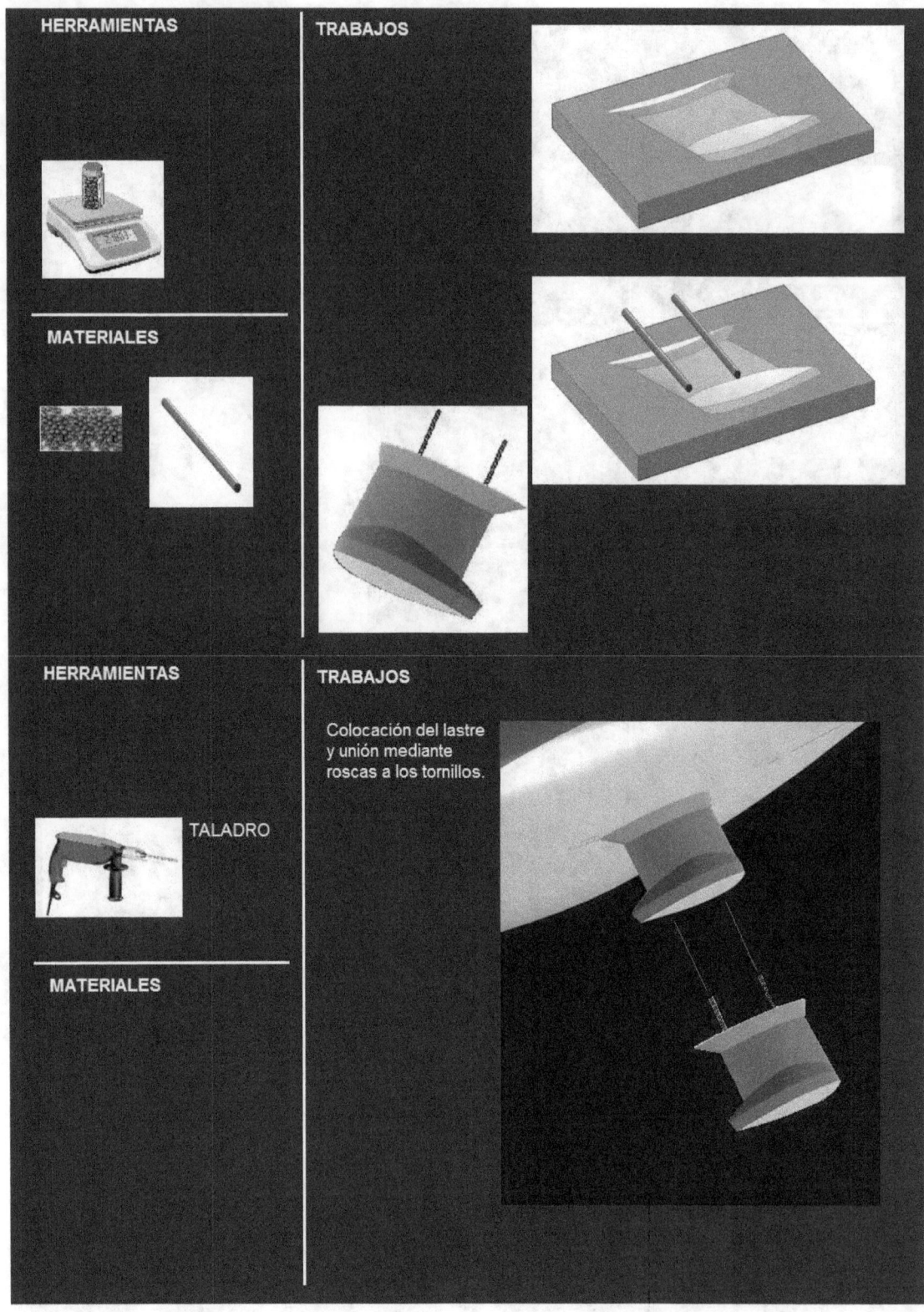

HERRAMIENTAS

MATERIALES

HERRAMIENTAS

TALADRO

MATERIALES

TRABAJOS

TRABAJOS

Colocación del lastre
y unión mediante
roscas a los tornillos.

59

PRUEBAS CON PESOS REPARTIDOS

MODELO DE PRUEBAS –IRF-

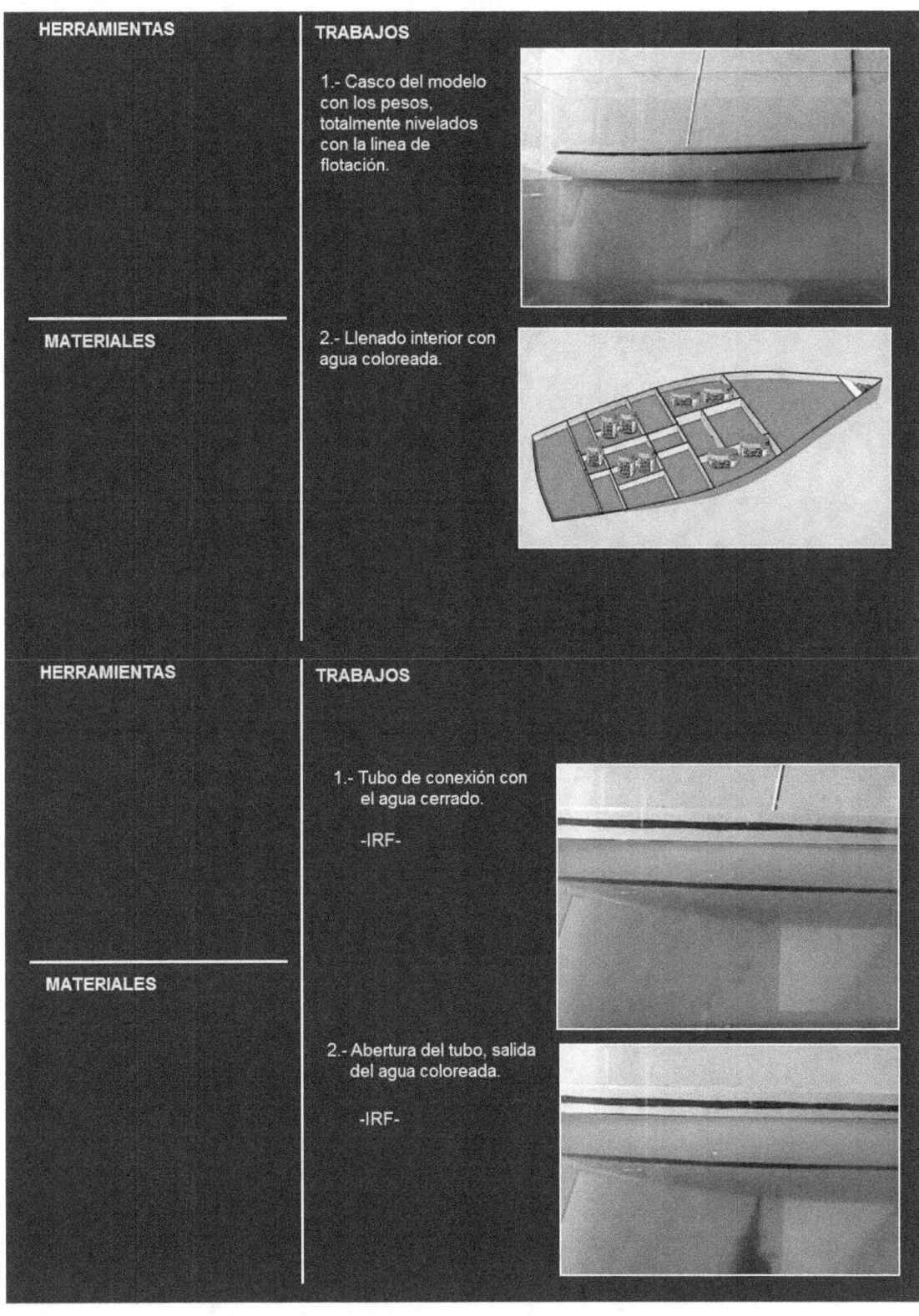

HERRAMIENTAS

MATERIALES

TRABAJOS

1.- Casco del modelo con los pesos, totalmente nivelados con la linea de flotación.

2.- Llenado interior con agua coloreada.

HERRAMIENTAS

MATERIALES

TRABAJOS

1.- Tubo de conexión con el agua cerrado.

-IRF-

2.- Abertura del tubo, salida del agua coloreada.

-IRF-

INSUMERGIBILIDAD Y RECUPERACIÓN DE LA FLOTABILIDAD

HERRAMIENTAS

MATERIALES

TRABAJOS

1.- Vaciado interior.

2.- Vaciado total del agua coloreada.

Recuperación de la linea de flotación (LF).

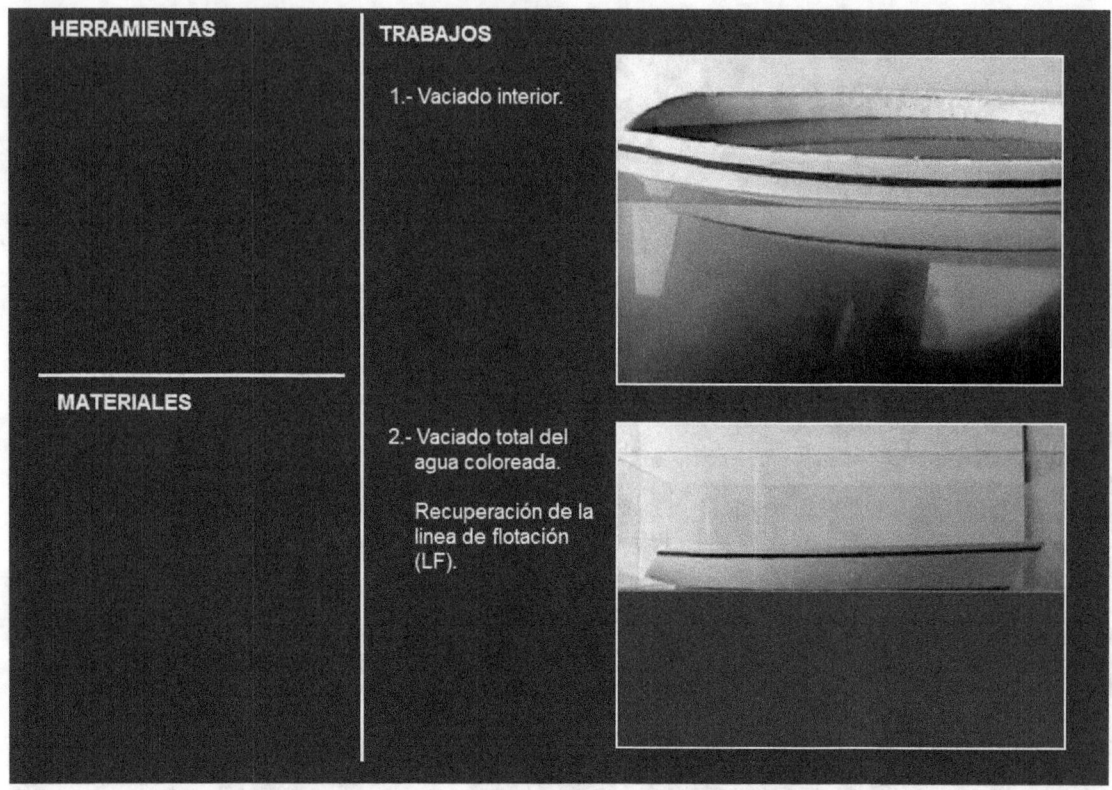

64

PUBLICACIONES

MODELOS Y MAQUETAS - ESCALAS

LIBROS -01

Planos para la construcción amateur, núcleo de madera, en:
Lulu.com, sección libros buscar en :
EMBARCACIONES INSUMERGIBLES CON RECUPERACIÓN DE LA
FLOTABILIDAD

CUADERNOS -01

Planos para la construcción amateur, núcleo de espuma, en:
Lulu.com, sección libros buscar en :
NAUTA 40 CONSTRUCCIÓN

CUADERNOS NÁUTICOS 01

JUAN IGNACIO RADUAN PANIAGUA

CONSTRUCCIÓN
NAUTA 40 -IRF-
1ª EDICIÓN
2016

CUADERNOS -03

Planos para la construcción amateur, núcleo de espuma, en:
Lulu.com, sección libros buscar en :
Delfín35construcción

PLANOS, PLANTILLAS -04

Planos para la construcción amateur, núcleo de mdera, en:
Lulu.com, sección libros buscar en :
Delfín35M

PLANOS, PLANTILLAS -05

Planos para la construcción amateur, núcleo de espuma, en:
Lulu.com, sección libros buscar en :
Delfín35E